イチから正しく身につける

カラー版

機械保全のための部品交換・調整作業

小笠原邦夫［著］

日刊工業新聞社

Introduction

機械トラブルの対策を任せてもらえる 一歩先の保全技術を身につけよう

機械設備は、過負荷や使用部品の経年劣化によって常に状態が変わります。振動や異音、動きの鈍さから「おかしいな…?」と異常を判断することが、機械保全マンとしての第一歩です。

しかし、異常とはどの程度の度合いを指すのでしょうか。設備の動力源に欠かせないモーターとベルト駆動のトラブルは避けたいものです。特にベルトのスリップする音を聞き漏らすと、いずれは破断に至ります。

だからこそ、ベルトの交換作業は一人でできるようにしたいところです。しかしベルトを交換しようにも、締結部品（ボルトなど）は必ず外さなければいけません。その際、ボルトのサイズに合うものなら、工具はどれを選定してもよいとは限りません。

また、ベルトの張り具合を間違えて軸受を損傷させた場合、どのように対処すべきでしょうか。部品交換後には、必ず「芯出し」作業が必要です。ベルトは2軸間のプーリーの平行が得られなければいけません。ここまで作業ができて、ようやく試運転を迎えられることになります。ただし、運転後もベルトの張り直しなどの調整が必要です。

このように機械保全作業では、機械設備の異常判断、部品交換、芯出し、試運転後の状態把握まで幅広く手掛けなければなりません。特に機械要素部品の取り扱いが悪ければ、「いじり壊し（部品損傷）」という現象につながります。これを回避するには“我流”を見直し、これまで培ってきたノウハウ（カン・コツ）を共有化して、作業の標準化に結びつけることが大事です。そのスキルが、現場の持つ大きな武器となります。

そこで本書では、生産現場で発生する機械トラブルに対して、これだけは絶対に身につけておきたい機械保全作業に絞り込み、対策法を紹介しています。

初めに、設備には必ず部品交換作業が発生します。このとき、「ねじ」と「工具」の取り扱いは必須です。この単純な作業が、実はうまくこなせないために、ねじの締結不足や工具損傷を招いているのです。したがってねじと工具を一対で理解し、工具締結時の力加減（感覚）を身につけることで、設備寿命をグッと延ばすことができます。

次に、ベルトやチェーンの適正な交換作業を取り上げます。ベルトの張りすぎは寿命の低下や破断のほか、軸受損傷につながります。軸受交換となれば軸からプーリーを抜き、キーを的確に外せないと軸を傷つけてしまいます。そのため軸周りの機械要素部品を理解し、正しく取り扱う技能を手ほどきします。

そして最後に、交換した軸受は必ず軸と回転中心（軸芯）を合わせます。芯出し不良（ミスアライメント）は大きな振動発生の原因となり、故障や漏れなどを引き起こします。芯出しは対象機器によってさまざまな手法がありますが、基本作業を読み解くことで実施が可能です。

設備に使用される機器によって、実に多様なトラブルが発生します。このとき大切なのは、基本をしっかり理解しておくことです。異常を発見し、適切に部品を交換する。この作業ができれば、多くの設備トラブルに対応できるはずです。そのため、本書では基本作業から設備の寿命延長に結びつくノウハウを整理して伝えます。みなさんの機械保全に関わる基礎スキルが向上することを願っています。

最後に、本書の企画の段階から多くのアドバイスをいただき、出版にご尽力いただきました日刊工業新聞社出版局書籍編集部の矢島俊克氏に深くお礼申し上げます。

著　者

イチから正しく身につける
カラー版 機械保全のための部品交換・調整作業

目 次

第1章 勘と経験による ねじ締結からの脱却

第2章 ねじの損傷を劇的に減らす 工具の正しい使い方

第3章 調整次第で寿命に差が出る ベルトとチェーンの張り直し

第5章 機器の寿命を改善できる2軸の芯出し方法

第1章

勘と経験による
ねじ締結からの脱却

ねじは、締めすぎると伸びて破断します。取り扱いが悪ければ、ねじ山やナットを損傷させます。また、緩み防止として活用される座金は種類が多く、母材への適用を間違えるとかえって緩みやすくなります。

ねじや座金は使用頻度が高いものの、その特性を把握していないと、いつまで経っても緩みや破断から解放されません。締結や調整に使用されるねじや座金の特性を理解し、日常点検時の緩み防止につながる要点を提示します。

1-1 ねじは必ず緩む

機械保全作業において消耗品の交換や位置調整など、ねじと工具を取り扱わない日はほとんどありません。厄介なのは、締結したはずのねじが、振動や締結不足により緩みが発生することです。ねじの緩みは部品の損傷や機能停止に至ります。そこで、ねじが緩みやすい箇所を探ります。

①緩みの発生源を探る

モーター取り付け部の緩みはベルトのスリップを引き起こす

ベルトの張り調整は、モーターを移動させて調整します（図1-1-1）。狭い作業エリアでの調整のため、締め付けができているか不安になります。

実際に機器を稼働させると設備全体がかなり振動するため、定期点検では、ねじのズレを見落とさないようにします。

モーター
締結ねじ

ねじが緩むと、モーターがベルトの張力によって引っ張られる

大きなモーターも、意外と小さなねじで締結されている

図1-1-1 狭いエリアで発生する締結ミス

ここがポイント

- 機器に使用されるねじの目的を確認する
- 繰り返し締結するねじは、損傷が発生しやすく緩みやすい

配管系統の緩みはシールテープの巻き直しが必要

図1-1-2に示す工作機械の集中給油箇所など圧力が作用するところでは、テーパねじ（管用配管ねじ）が使用されています。テーパねじの締めすぎは亀裂の発生につながります。油漏れがあれば増し締めのみで対処せずに、継手を一度緩めてシールテープを巻き直します（図1-1-3）。

テーパねじの締めすぎは亀裂発生につながる
ほかの継手も点検する
漏れ

図1-1-2　圧力が作用する継手部は漏れやすい

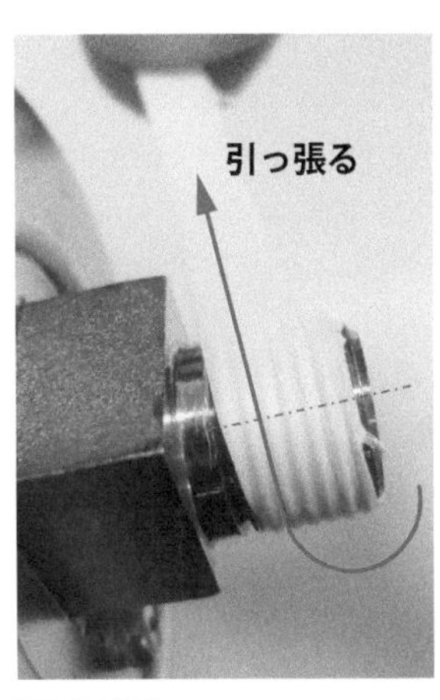
引っ張る

爪
シールテープを時計回りに引っ張りながら2回ほど巻き、爪でねじ山を形成させる

図1-1-3　シールテープの巻き方のポイント

②ねじの緩みは締め付け不足だけではない

衝撃を受ける箇所を見つけ出す

シリンダ上昇（下降）端部では衝撃を受けやすく、緩みの原因につながります。このような箇所の緩み止めとして、ダブルナットが使用されます（図1-1-4）。しかしダブルナットも、稼働時の振動や衝撃が蓄積されて緩むことがあります。

ダブルナットの締め方は、上ねじは時計回り（右）、下ねじは反時計回り（左）に互いのねじ同士を締め付けるのがコツです。

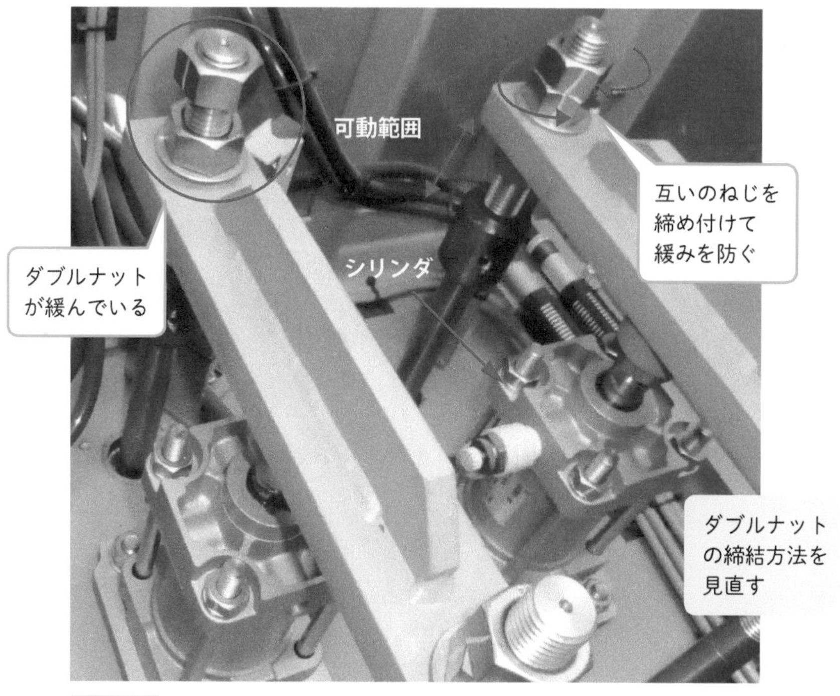
可動範囲
互いのねじを締め付けて緩みを防ぐ
シリンダ
ダブルナットが緩んでいる
ダブルナットの締結方法を見直す

図1-1-4　締結力の高いダブルナットも点検が必要

ここがポイント

- シリンダストローク端部は、衝撃による緩みが起きやすい
- ダブルナットによる結合箇所を見つけ出し、緩みを点検する

軸のねじれは締結力で対処できない

軸受取り付け平面のガタツキやベルトの張りすぎは、回転軸を中心にねじれるような力が作用します。気づかずに運転を行うと軸受の損傷や、ねじ締結部の緩みに影響します（図1-1-5）。

ねじは、システムの異常を示すセンサーと同じです。ねじの締結力よりも、ねじれる力が大きければ、増し締めでは対処できません。取り付け平面の修正や、ねじを均等に締め直すなど、調整を行いましょう。

回転によってベルトが軸を引っ張る力が作用する
軸芯をねじる力が作用する
軸受ユニット
負荷に耐えられずねじが緩む

図1-1-5 **軸芯のねじれは締結力を低下させる**

ここがポイント

・機械要素部品は芯を合わせなければ、ねじれが発生する
・システムのねじれは、増し締めでは対処できない

1-2 増し締めが良いとは限らない

一度、締め付けたねじを再度締め直すことを、増し締めと呼びます。ねじは緩みやすいため、強めに増し締めしておくべきと考えがちです。しかし、締め加減を間違えるとねじの損傷に至ります。ねじに作用するトルクや、締め加減による変形を確認します。

①定期点検でついやってしまう増し締めによるミス

ねじに作用するトルクを確認しよう

ねじの締結には、工具に作用するトルクの理解が欠かせません（図1-2-1）。液漏れの原因は締め付けミスが影響します。工具を握る位置と力加減、無理な姿勢での締結作業を見直し、トルクのバラツキをなくします。ねじの締まり具合を感じ取りながら、作業を行いましょう。

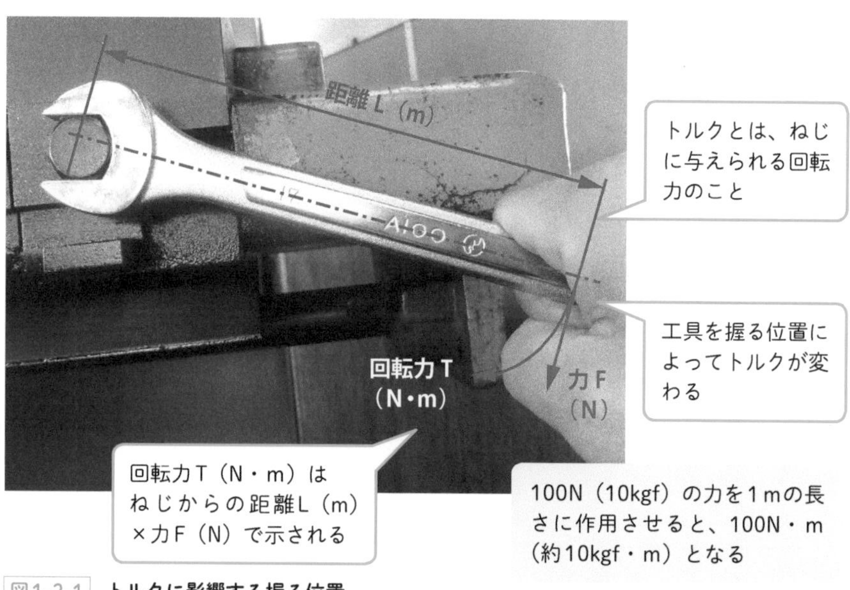

距離L（m）
トルクとは、ねじに与えられる回転力のこと
工具を握る位置によってトルクが変わる
回転力T（N・m）
力F（N）
回転力T（N・m）はねじからの距離L（m）×力F（N）で示される
100N（10kgf）の力を1mの長さに作用させると、100N・m（約10kgf・m）となる

図1-2-1 トルクに影響する握る位置

増し締め時の工具の取り扱いは適正か

「ねじなんて所詮止まればいいんだよ」と考えていると、いつまで経っても締結不足やねじの折損問題を解決できません。工具の口ばしのみで強固に締め付けを行えば、適正なトルクは得られないのです（図1-2-2）。

特にねじ頭部を損傷させると、取り外しもうまく行えません（図1-2-3）。作業に必要な工具を取り揃えることは、保全作業の基本です。

口ばし
斜めに工具を差し込むと口ばしを広げてしまう

図1-2-2 トルクが得られない作業姿勢

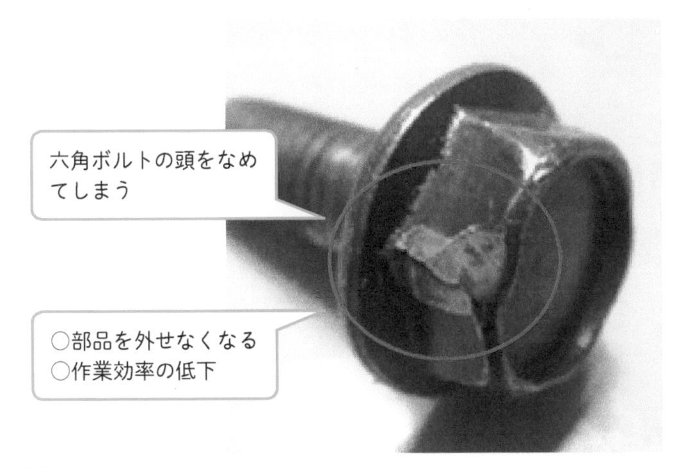
六角ボルトの頭をなめてしまう
○部品を外せなくなる
○作業効率の低下

図1-2-3 頭部変形によるねじの損傷

②ねじが繰り返し使用できる範囲は限られている

ねじは締めれば締めるほど、締結力が増すわけではありません。ねじを締め付けることによって、再使用できる範囲（弾性域）と破断に至る範囲（塑性域）を図1-2-4に示します。増し締めによって途中から締まり感がなくなり、ボルトを締めても、いつまでもボルトの頭が回るようだと危険信号です。

ねじは一定の締め付け力以上に締め込むと、ばねのように伸びて折損（破断）します（図1-2-5）。すぐにねじを緩めて、破断を防がなければいけません。

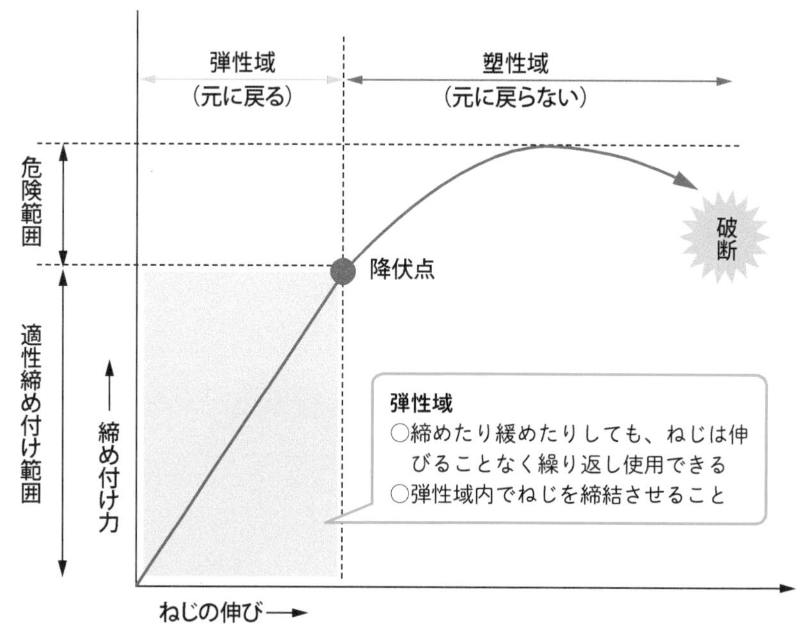

弾性域
（元に戻る）
塑性域
（元に戻らない）
危険範囲
適性締め付け範囲
締め付け力
降伏点
破断
弾性域
○締めたり緩めたりしても、ねじは伸びることなく繰り返し使用できる
○弾性域内でねじを締結させること
ねじの伸び

図1-2-4　ねじの伸びと締め付け力の関係

注意すべきは、ねじが多少伸びていても気づかずに、再使用してしまうことです。内部からの圧力が高い場合などは、一本の損傷は他のねじにバランスが崩れた状態で作用します。

ねじは消耗品ととらえがちですが、重要な機械要素部品の一部です。常に、バランス良く締め付けることが欠かせません。

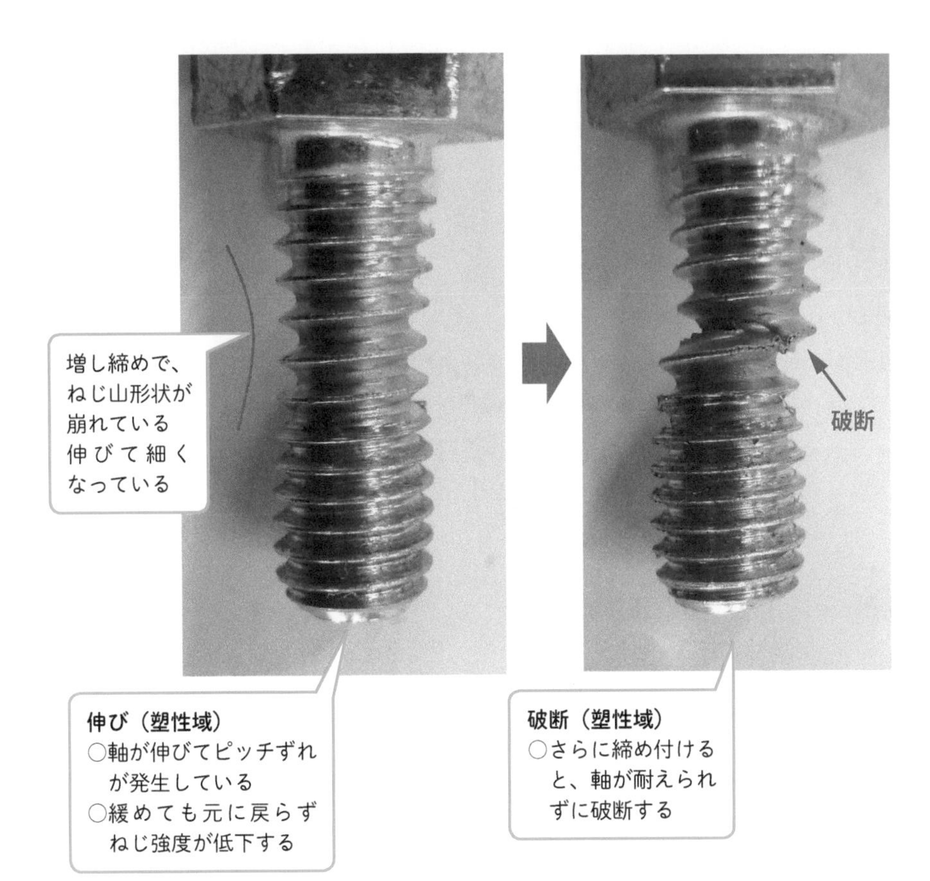
増し締めで、
ねじ山形状が
崩れている
伸びて細く
なっている
破断
伸び（塑性域）
○軸が伸びてピッチずれが発生している
○緩めても元に戻らずねじ強度が低下する
破断（塑性域）
○さらに締め付けると、軸が耐えられずに破断する

図1-2-5 **塑性域の損傷状態**

ここがポイント

・過度な増し締めはねじ山形状を崩し、高い締め付け力が得られない

1-3 ねじの損傷を解決せよ

機器の分解や調整時には、締結していたねじを繰り返し使用することがあります。しかし、ねじ山の損傷に気づかずに締結すると、既定の締め付け力が得られずに振動などで耐えられなくなります。ねじを損傷させる作業行為を防ぎ、ねじが再使用できるか判断します。

①ねじを損傷させる作業行為を見抜け

分解や調整時にはボルトやナットを緩める気持ちが先行し、重みを気にせずに作業を行いがちです。取り外し方を間違えると、機器や取り付け台の重みによってねじを曲げたり、ねじ山の損傷につながったりします（図1-3-1）。したがって、部品を外す際は取り付け台の底面をフォークリフトなどで支えながら、安全に作業を行います。

モーター
取り付け台
取り付けねじ

重みがねじに作用すると、ねじが曲がるほか、ねじ山の損傷につながる

一度にすべてを緩めると、機器や取り付け台の重みによってねじを曲げる力が作用する

○鋳物で製作された部品やモーター取り付け台は、かなりの重量がある
○パネルは緩めた瞬間、その重みに驚く

図1-3-1 ねじに作用する力を判断する

ねじには調整用、固定用など目的があります。それぞれのねじの役割を判断し、どのねじを先に取り外すべきか、外してはいけないねじかを確認してから作業を行います（図1-3-2）。

パネル
調整ナット
本体固定ナット
（緩めない）
それぞれのねじの役割を理解してから作業を行う
水平取り付けではねじを緩めた瞬間に、ねじの曲げやせん断につながる
ねじは引張よりも曲げやせん断に弱い！

工具を2本用いて作業するなど全体のバランスを確認しながら締結する

図1-3-2 ねじに作用する力を判断する

ここがポイント

- 取り付けられた状態では重みは判断しにくい
- ねじを緩めたときの重さの方向、緩める手順、使用工具の準備など作業手順をイメージしてから取り掛かる

②締めすぎによるオーバートルクを意識せよ

不安はオーバートルクを生み出す

規定を超えるトルク（締め付け力）で部品を締め付けることを「オーバートルク」と言います。図1-3-3に示すように材料固定などで使用されるバイスは、テーブル面にしっかり固定させないと寸法精度に狂いが生じます。そのため、規定以上のトルクできつく締めてしまいます（オーバートルク）。

ボルトが伸びたときはナットも伸びている

ボルトの状態を確認すると、ナットで締結するねじ先端部(A)だけが手締めできますが、締結しない範囲(B)ではナットが手締めできません（図1-3-4）。これは、(A)部ではすでにオーバートルクによって、ボルトとナット両方のねじ山が変形（損傷）していることが原因です。

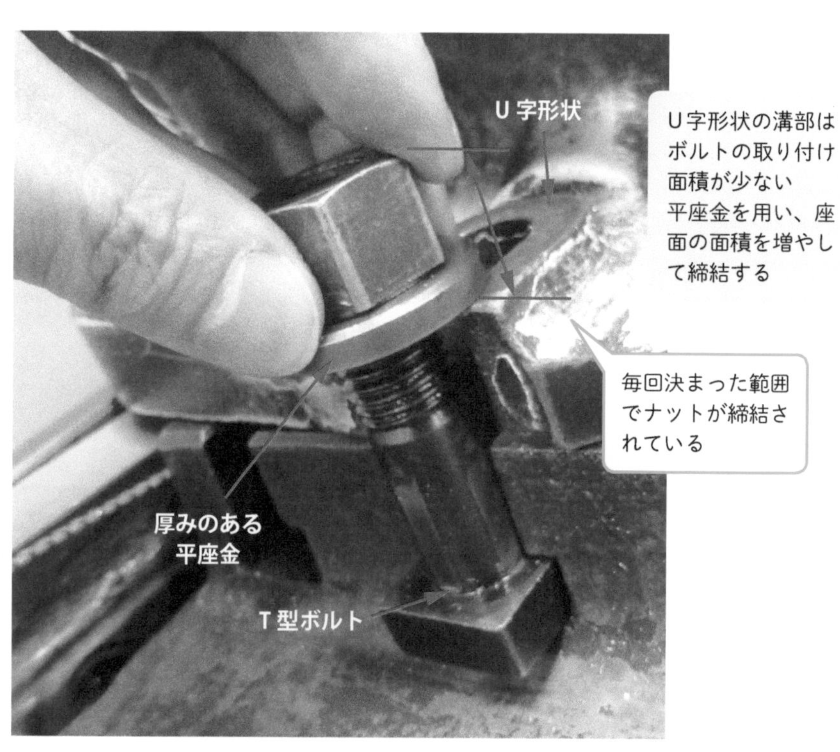
U字形状
U字形状の溝部はボルトの取り付け面積が少ない
平座金を用い、座面の面積を増やして締結する
毎回決まった範囲でナットが締結されている
厚みのある平座金
T型ボルト

図1-3-3 不安心理がもたらすオーバートルク

損傷ボルトやナットは廃棄する

ねじ山の変形（損傷）したボルトとナットに、新しいボルトやナットをはめ合わせてはいけません。せっかくの新品を変形（損傷）させてしまうからです。

ねじの異常に気づくためには、最初から工具を用いた締め付けを行ってはいけません。ねじ部の切りくずなどをウエスで拭き取り、ボルトとナットを単体で手締めしてみます。ねじ部の全長に対してナットが引っ掛かるようでは、ボルトかナットの損傷を疑います。

手締めで異常を感じ取る癖を身につけるといいでしょう。

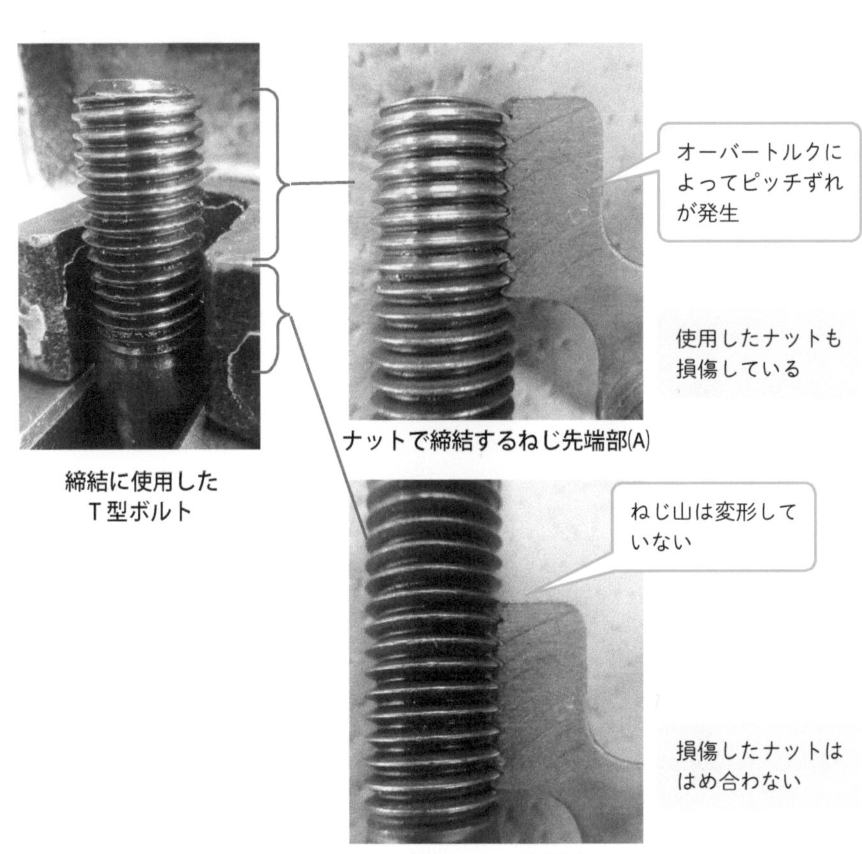
オーバートルクによってピッチずれが発生
使用したナットも損傷している
ナットで締結するねじ先端部(A)
締結に使用したT型ボルト
ねじ山は変形していない
損傷したナットははめ合わない
締結しない範囲(B)

図1-3-4 オーバートルクによるボルトの損傷

1-4 伸びにくいねじは存在する

ねじを交換する際に、ねじの呼び寸法（ねじ径、ピッチ、長さ）だけで選定してはいけません。ねじには、ねじの引張荷重（N/mm^2）を示す強度区分けがあります。選定の際に見落とすと、ねじが負荷に耐えられずに破断し、システム全体の損傷に影響します。ねじの強度区分けや適用箇所、締結工具について確認します。

①ねじの強度区分けを紐解く

ボルトの頭部の数字を確認しよう

強度区分けを表す数字はボルトの頭部に示されます（図1-4-1）。

強度区分け4.8とは、320（N/mm^2）≒32.6（kgf/mm^2）の引張荷重までの範囲であれば、塑性変形しないことを示します。それ以上の引張荷重をかけると、伸びや破断の原因につながります。

＊4.8の「.」は点ではなく「4」と「8」を分けている

4.8
CW
鉄鋼材料の強度区分は3.6　4.6　4.8　5.6　5.8
6.8　8.8　9.8　10.9　12.9までJISで規定
「鋼製ねじ」と「ステンレス鋼製ねじ」では
強度区分けの表し方が異なる
強度区分け
4
.
8
引張強さ　4＝400（N/mm^2）
≒40.8（kgf/mm^2）
降伏点（耐力）　8＝80%
400N/mm^{2}の破断の8割
320（N/mm^2）≒32.6（kgf/mm^2）

図1-4-1 ねじ選定では強度区分けを見落とさない

鋼製ボルトの締め付けトルク

表1-4-1に、強度区分けの違いに対する締め付けトルク（N・m）を示します。強度区分けでは「12.9」が一番強度が高く、「4.8」が一番低いことになります。M10ねじを比較すると、強度区分け「4.8」に対して「12.9」では3倍以上の差があります。

実際に締め付け作業を行うと、強度区分け「4.8」ではトルクを作用させると、どんどん締まります（増し締めで伸びる）。一方、強度区分け「12.9」では一定の締め付けを行っても、ねじが伸びることはありません（硬くて伸びない）。

「12.9」は、クロムモリブデン鋼（SCM435）と呼ばれる焼入れ・焼戻し処理をされた硬い材質で、工作機械などで使用されます。同じ黒色でもクロゾメ処理（四三酸化鉄皮膜処理）は、錆びの防止処理がしてあります。間違って選定しないように、強度区分けを確認します。

表1-4-1 強度区分けの違いと締め付けトルク

ねじの呼び×ピッチ	有効断面積（㎟）	強度区分け（N・m）		
		4.8	10.9	12.9
M6×1.0	20.1	4.2	11.6	13.5
M8×1.25	36.6	10.2	28.0	32.8
M10×1.5	58	20.1	55.6	65.0
M12×1.75	84	35.1	97.1	113.8
M14×2.0	115	55.9	154.9	180.4
M16×2.0	157	87.2	241.2	281.5
M18×2.5	192	119.6	331.5	387.4
M20×2.5	245	169.7	469.7	549.2

②ねじ強度の見誤りは工具を損傷させる

使用箇所を確認しよう

旋盤の材料取り付けチャックは重く（40kg以上）、高速回転（2,000回転/分）での加工作業が行われます。このようなチャックには、強度区分けの高いねじ「12.9」によって、回転と重量を支えています（図1-4-2）。

しかし、強度区分けの高いねじを用いても、めねじ側の切りくずや錆びなどの硬い異物によってはねじ山を損傷させます。めねじ側の異物除去には再タップを行い、損傷を防ぎます（図1-4-3）。

強度区分けの高いねじには、締結力が得られる工具を選定する

「締結力不足」にはボルトのサイズUPが必要です。しかし、ねじの強度区分を上げれば（「4.8」→「12.9」）、設計変更せずに済みます。

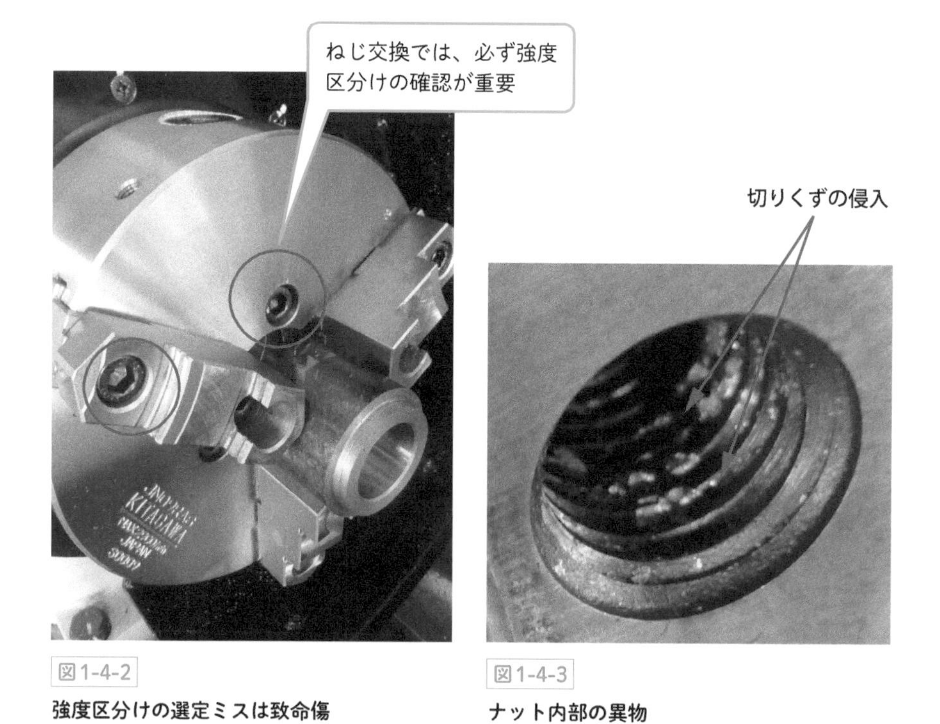
ねじ交換では、必ず強度区分けの確認が重要
KITAGAWA
切りくずの侵入

図1-4-2

強度区分けの選定ミスは致命傷

図1-4-3

ナット内部の異物

ただし、強度区分け「12.9」に必要なトルクを作用させるために、工具にパイプを追加してはいけません（図1-4-4）。工具自体がトルクに負けて、損傷します。強度区分けの高いねじには、剛性の高いスピンナハンドルを使用します（図1-4-5）。

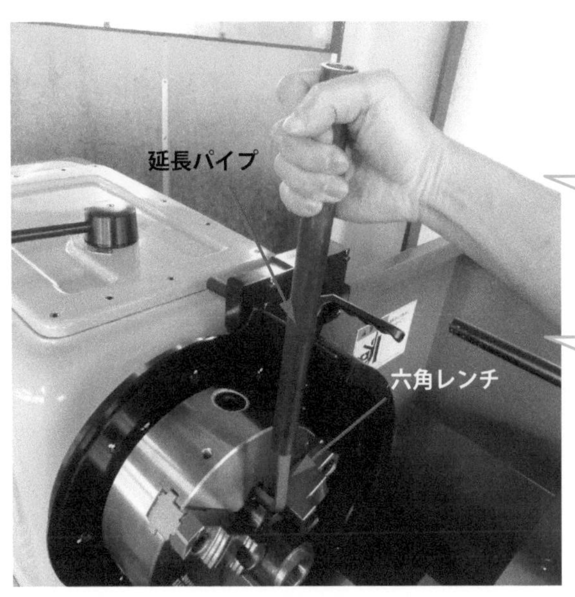
延長パイプ
六角レンチ
六角レンチにパイプを継ぎ足して、トルクを増してはいけない
工具自身が持つ強度以上の力を作用させると、工具を損傷させる

図1-4-4 パイプの継ぎ足しは避ける

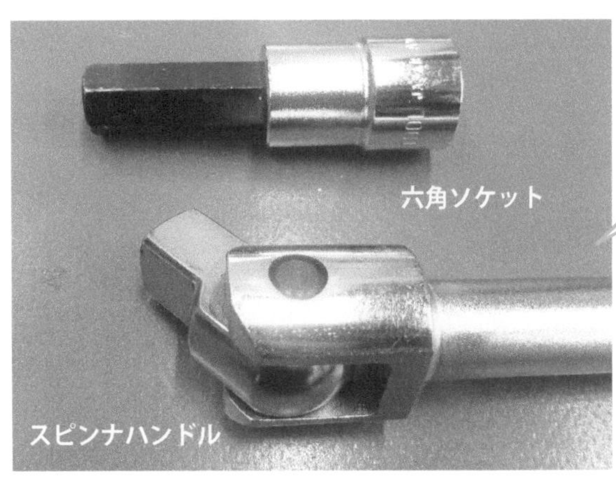
六角ソケット
スピンナハンドル
強度区分けの高いねじには剛性の高いスピンナハンドルを使用する
適正な工具を用いて、設計で求める締結不足を防ぐ

図1-4-5 適正工具で締結不足を防ぐ

1-5 もっとうまく平座金を活用しよう

締結に欠かせない要素部品として平座金（ワッシャ）、ばね座金（スプリングワッシャ）がよく利用されます。しかし、その使用目的や効果についてはあまり知られていません。「とりあえず入れておく」など曖昧に使用していると、かえってねじの締結力を得られず、緩みの原因となります。平座金の特性を知り、活用方法を確認します。

①座面の陥没を防ぐ平座金の有効性

ボルト締結時の損傷を防ごう

ボルトを直接母材に締結させると、ボルトの締め付け力が狭い範囲に集中します。その結果、母材が耐えられずに陥没します（図1-5-1）。この状態では、振動によってねじが緩みやすくなります。

平座金を使用すると、ねじの座面積を大きくし、局所的な力を分散させることができます（応力集中を防ぐ）。特に母材の穴が大きい場合やアルミなどの延性材料では、平座金は有効です。

アルミ母材（延性材）は傷つきやすい

円周上に傷

取り付け穴周辺部の陥没

応力が集中して母材に傷がつく

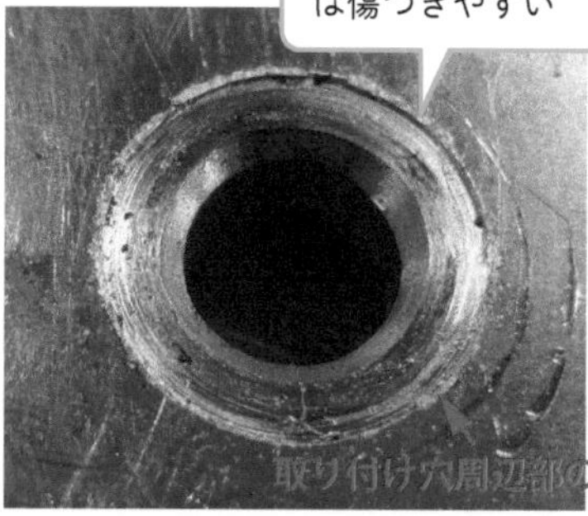

○締め付け力が強いと母材が陥没する
○平面処理（研磨）が必要

図1-5-1 母材への直接締結による損傷

平座金を使うところを見つけよう

長穴などボルトと母材との接触面積が少ないところや鋳肌面（表面の凹凸）では、ねじを締め付けても均等に面圧（平座金の面積分）が作用しません（図1-5-2）。その際、平座金を使用して面圧を高めることは有効です。

適合ボルト
長穴
凹凸の鋳肌面
長穴に適するボルトサイズを選定する
モーター取り付け部など、調整が必要な箇所には長穴加工が施される
鋳肌面の凹凸は均等に面圧が作用しない

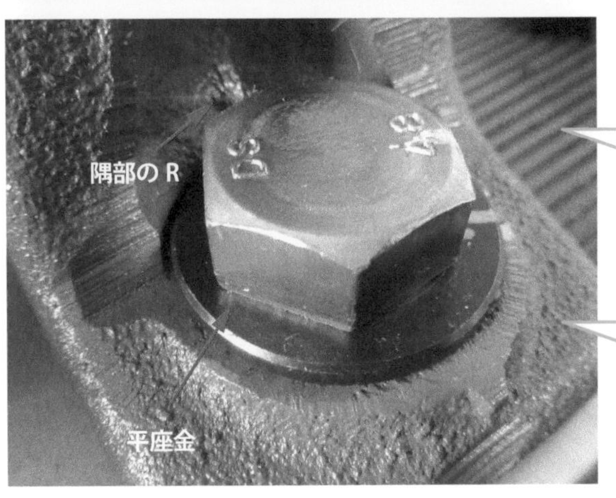
隅部のR
平座金
面積の広い平座金を使用する際は、隅部のRとの干渉を確認する
平座金を使用して接触面積を増やし、緩みを防ぐ

図1-5-2 平座金を使用して安定した締結力を生み出す

ここがポイント

- 表面凹凸が粗すぎたり勾配がきついと、平座金の効果は低下する
- 調整用の長穴には適するボルトを選定する

②平座金の表裏をうまく使いこなそう

平座金を注文する際には、ねじサイズに適合するものを選定します（外形や厚み、寸法公差の指定）。一般的に平座金はプレス加工で製作されているため、表裏に角が丸くなる側とバリが発生する側が出ます。この表裏の使い分けによって、取り付け面の傷や錆を防ぐことが可能になります（図1-5-3）。

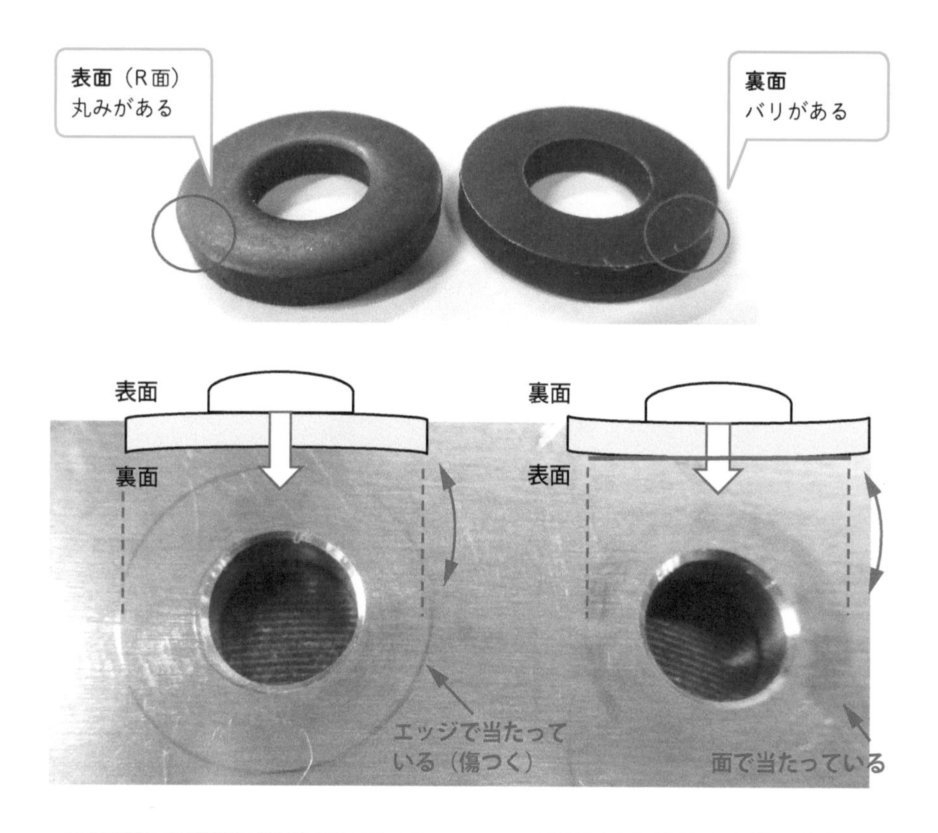

表面（R面）
丸みがある
裏面
バリがある
表面
裏面
エッジで当たっている（傷つく）
裏面
表面
面で当たっている

【裏面（バリあり）を母材側】
○外周部のバリで傷がつく
○R面を上にすると、作業時の指切れ防止が期待できる

【表面（R面）を母材側】
○傷がつきにくい
○母材の塗装やめっきの剥がれを避けたい場合に有効

図1-5-3　平座金の表裏を使い分ける

平座金を2枚使うのは禁物

長さ調整など、平座金を2枚以上重ねてシムの代用として使用してはいけません。重ねることによって、振動などに起用した滑りの影響を受けやすくなります（図1-5-4）。

フランジ付きボルトの有効性

自動車の締結部など一部の箇所では、平座金によるひずみを防ぐために、フランジ付きボルトが使用されています（図1-5-5）。フランジ裏側のセレートが母材を傷つける可能性や、強く締めすぎるとフランジが変形しやすいなどの欠点も含めて検討しましょう。

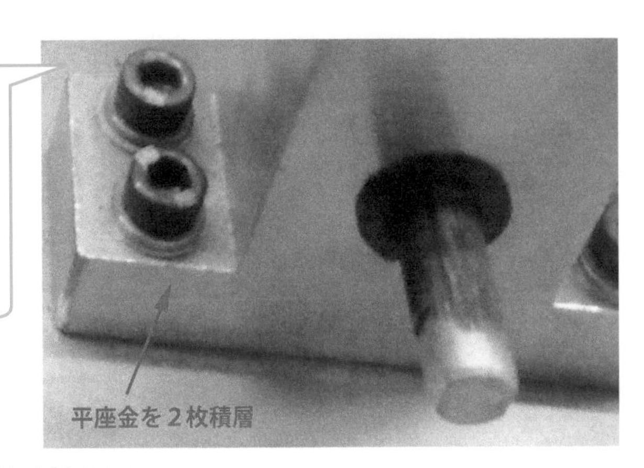
○ねじが長いときなどの調整用として座金が積層されている
○モーターの振動などによって緩みが発生しやすいため、ボルト長さを見直す
平座金を2枚積層

図1-5-4 座金の積層は振動に耐えられない

「つば」部分が「フランジ」と呼ばれ、平座金の役割をする
○フランジ付きボルトはボルトと平座金が一体になったもの
○セレートあり・なしがある

図1-5-5 フランジ付きボルト（ナット）の適用判断

1-6 緩み止め効果はあるか？ ばね座金の実際

緩み止めとして、ばね座金（スプリングワッシャ）や菊座金などを使用する機会があります。しかし、緩みが完全になくなることはありません。また、繰り返し使用できるかどうかの判断も大切です。ばね座金の特性を理解し、どのような場所に使用すると有効であるかを確認します。

①実は適用箇所は限られている

ばね座金の特性をつかむ

ばね座金は一部に切り欠きがあり、ねじられた状態がばねのような反力を生み出すことが特徴です。締結時はボルトを締め付けて、ねじられた状態を完全に押しつぶすまで締め付けます。これで、ばね力がしっかり作用します（図1-6-1）。

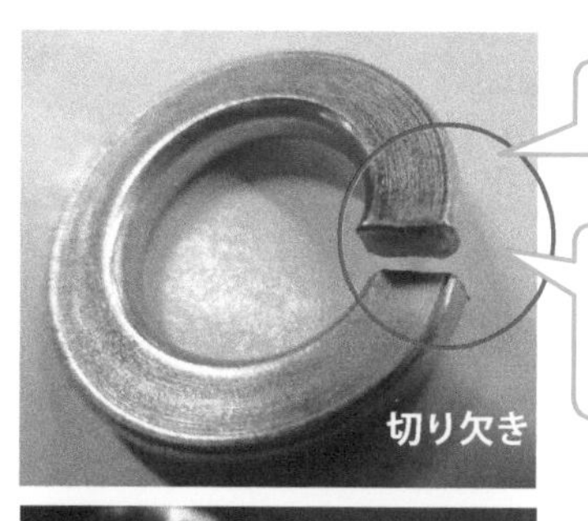
角の部分が尖っている
振動で緩みやすいところ（モーター）に、ばね座金が適用されている
切り欠き

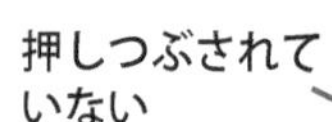
押しつぶされていない

ボルトに押しつぶされたときに「ばね」力を発揮する
切り欠きが開いていると「ばね」効果はなく、ボルト自体の締結力も得られない

図1-6-1 ばね座金の特性をつかむ

食い込みがミソ！

ねじが緩み方向に働くと、押しつぶされていたばね座金が反発し始めます。同時にばねの反力で、切り欠きの角部が母材とボルトの座面の両方に引っかかり食い込みます。この「食い込み」によって、緩もうとするねじの回転を「引っ掛けて」一時的に食い止めることが目的です（図1-6-2）。したがって、再使用では角の突起が丸まったものは引っ掛からないため、「緩み止め」の効果は期待できません。

ばね座金は、緩みが発生したときの一時的な「脱落防止」として効果が期待できます。ただ、ばね座金に頼らずしっかり締め付けることが重要です。

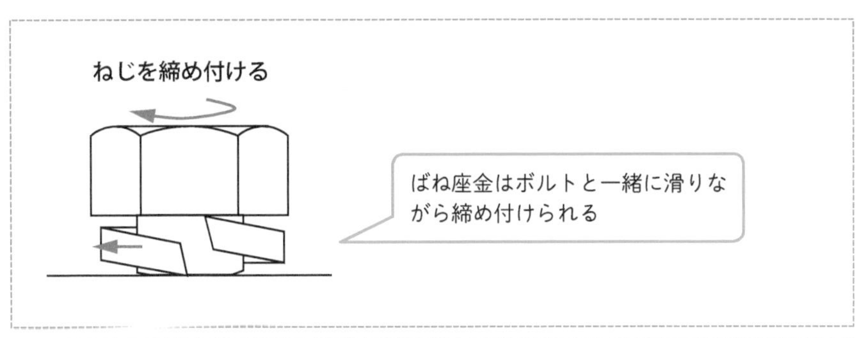
ねじを締め付ける
ばね座金はボルトと一緒に滑りながら締め付けられる

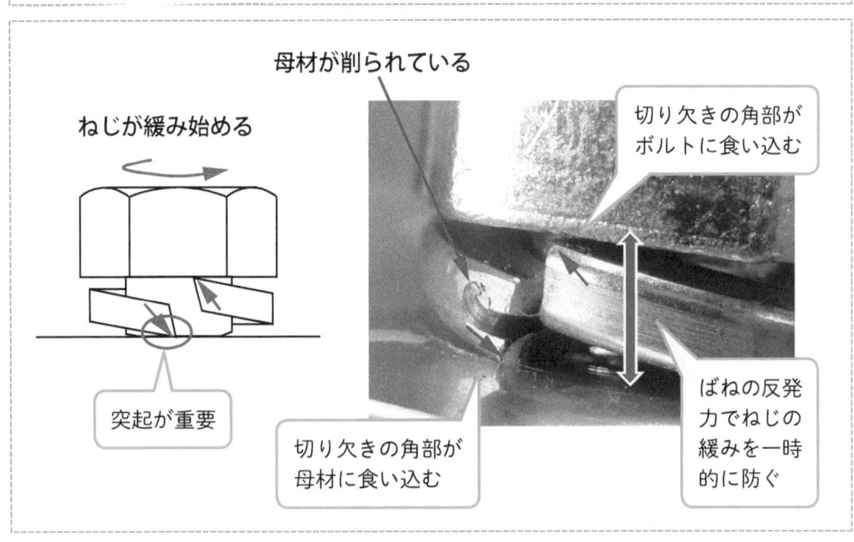
母材が削られている
ねじが緩み始める
切り欠きの角部がボルトに食い込む
突起が重要
切り欠きの角部が母材に食い込む
ばねの反発力でねじの緩みを一時的に防ぐ

図1-6-2 食い込み作用と脱落防止の関係

②ばね座金は再利用できない

延性材料に効果あり

母材がアルミなどの延性材料は柔らかいため、切り欠き部の食い込み効果が期待できます。一方、母材が硬い鋼材や焼入れされた状態では、ばね座金の反力は得られても、食い込みはそれほど期待できません。

母材への食い込みの難点

切り欠き部の食い込み効果は、一方で母材を傷つけてしまいます（図1-6-3）。また、切り欠き部には母材を削り取った破片が噛み込んで、ばねの反発力は期待できません（図1-6-4）。増し締めを行ってもばね座金の効果は得らないばかりか、ゆるむ原因の一つとなります。

食い込みによって発生したバリ
○緩みを見つけた場合は増し締めせずに、ねじとばね座金を取り外して交換する
○母材が粗れていれば修正する

図1-6-3　母材表面への影響

破片の噛み込み
延性材料では破片の噛み込みが発生するため、再使用時にばね効果は期待できない

図1-6-4　緩みの原因を判断する

ばね座金と平座金のセットについて

ばね座金と平座金をセットにして締結することはよくありますが、これではばね座金による食い込み効果は得られません（図1-6-5）。一度にすべてを変更するのではなく、生産現場の実態（メンテナンス頻度や母材への影響）に合わせて使用方法を再検証しましょう。

歯付き座金の特徴

ばね座金の一種に歯付き座金（菊座金）があります。形状は歯の向きによって内歯形、外歯形、内外歯形があります（図1-6-6）。外周部や見える場所に傷をつけたくない場合は、内歯形が使用されます。

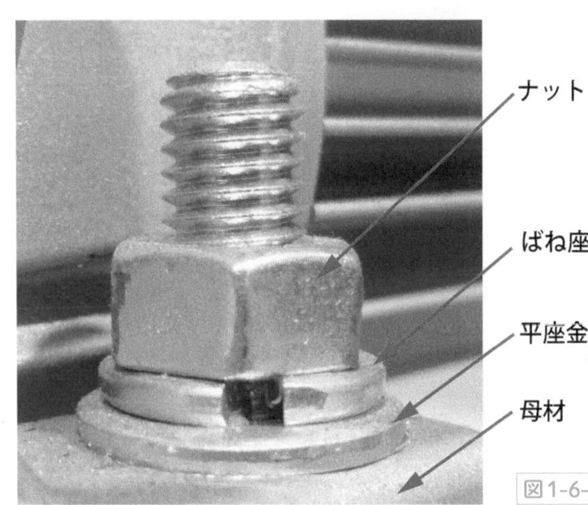
ナット
ばね座金
平座金
母材
○ばね座金と母材との間に、平座金を取り付けて締結されている
○使用される場所やその目的を確認する

図1-6-5　ばね座金と平座金の積層効果

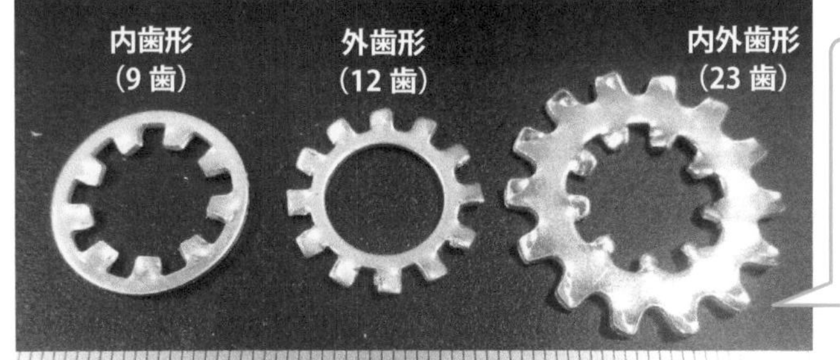
内歯形
（9歯）
外歯形
（12歯）
内外歯形
（23歯）
歯数の違いから、内外歯形が緩み止め効果が高いとされている
＊M10用の歯付き座金を示す

図1-6-6　歯付き座金の種類を見極める

歯付き座金の使い方

歯形形状の違いは、母材への食い込み方が異なります（図1-6-7）。内歯形は円周上に、外歯形は爪跡がしっかりつきます。特に内外歯形はメンテナンスし難く、とにかく緩みを防ぎたい箇所に適用されています（図1-6-8）。歯付き座金の適用箇所はさまざまです。適用によってどれほどの効果が得られているかは、使用環境によって異なります。

円周上に傷
内歯形

○外周部や見える場所に傷をつけたくない場合は、内歯形を使用する
○直角が求められる場所やセンサーの取り付けに使用される

爪跡
外歯形

○ばね座金に比べて歯付き座金は薄いため、一度使用するとつぶれて反力は低下する
○切り欠き部の角は丸くなりやすいため再使用は避ける

図1-6-7　形状の違いと母材への影響

内外歯形
ポンプの回転羽の取り付けに使用

ポンプをはじめとする給水ユニットなど、緩みが発生すると芯出しが必要になる箇所に、内外歯形が使用される

図1-6-8　歯付き座金の適用

第2章

ねじの損傷を劇的に減らす工具の正しい使い方

締結工具を正しく取り扱うことで、部品からの漏れや振動に対する緩みを防ぐことができます。しかし、サイズの合わない工具や無理な体勢での締め付け作業では、ねじ頭を変形させます。また、工具にも摩耗や変形を引き起こし、作業効率を低下させます。

工具の種類やサイズによって力加減は異なります。そのため、工具締結時の力加減（感覚）として手締め・仮締め・本締めを使い分け、規定のトルクをねじに作用させるポイントを手ほどきします。

2-1 締結の基本は手締め・仮締め・本締め

複数のねじを締めていくと、最後のねじが締まりにくいことがあります。ここで力を加えて、無理に締結してはいけません。この時点でボルトのねじ山や部品のタップ穴を損傷させます。締結の基本である手締め・仮締め・本締めについて確認します。

①手締めで異常を感じ取る

「遊び」を判断しよう

蓋やパネルなどの通し穴側は、締結誤差を吸収するために穴径が幾分大きく製作されて、「遊び」があります。蓋の穴に引っ掛からないようにボルトを締結しなければ、タップ穴をつぶしてしまいます。そこで、蓋の穴とタップ穴の軸芯をうまく合わせながら締め付けるのがコツです（図2-1-1）。

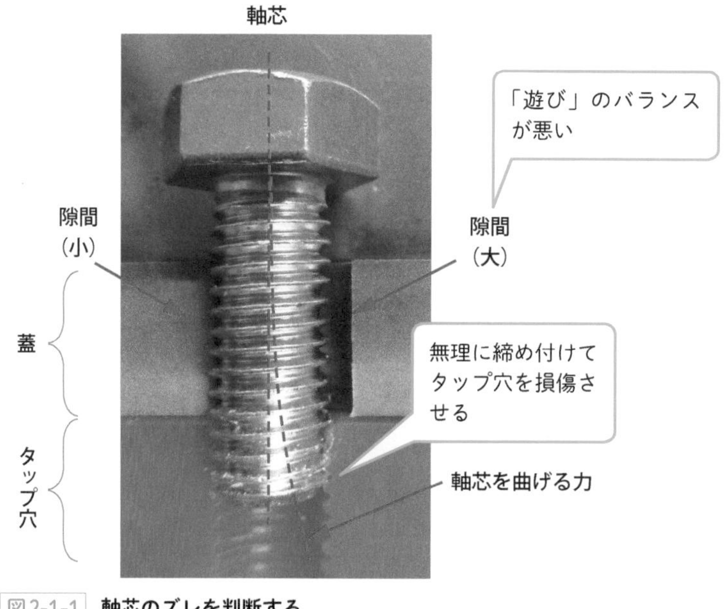
軸芯
「遊び」のバランスが悪い
隙間（小）
隙間（大）
蓋
タップ穴
無理に締め付けてタップ穴を損傷させる
軸芯を曲げる力

図2-1-1　軸芯のズレを判断する

締結はバランスが重要

はじめから工具を用いて締め付けてはいけません。「遊び」の感覚は、手締めでないと感じ取れないからです。

はじめに蓋やパネルを少し動かしながら、すべての取り付け穴にねじを手締めします。引っ掛からない位置を見つけ出し、バランス良く配するのがコツです（図2-1-2）。手締めで引っ掛かる場合は、タップ穴がつぶれている可能性があるため再タップを行います（図2-1-3）。手締め作業は締結の第一歩で、工具による締め付けは避けましょう。

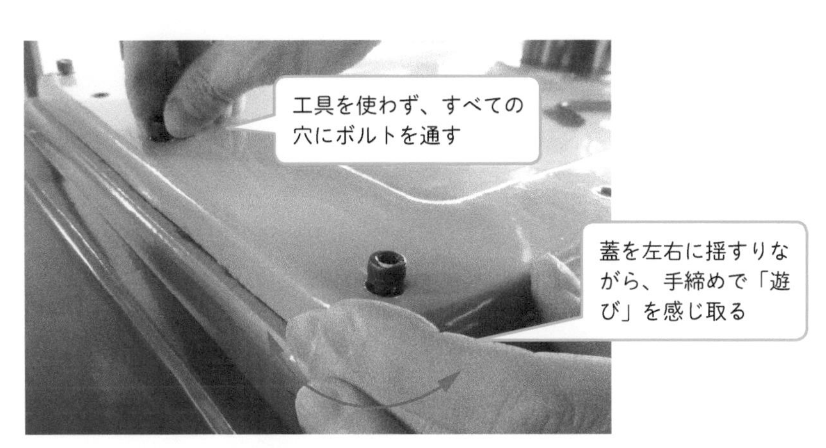
工具を使わず、すべての穴にボルトを通す
蓋を左右に揺すりながら、手締めで「遊び」を感じ取る

図2-1-2　手締めで「遊び」を感じ取る

タップ穴の変形や錆び、異物混入には再タップが欠かせない

図2-1-3　再タップを適宜行う

②仮締めと本締めの使い分け

仮締めでは軸力50〜70％を目指す

第2段階の仮締めでは、接合部のひずみや反りを逃がすことが目的です。

なかなか判断し難いものですが、ボルトが座面に接触すると負荷を感じ取れます。ねじが放射線状に配置されている場合は、たすき掛け（対角）で同じ角度を意識しながら締め付けます（図2-1-4）。

最後にしっかり本締め

本締めでは、トルクの掛けすぎによる増し締めを避けます。ボルトに100％の軸力を作用させ、仮締めと同様にたすき掛け（対角）で締めます。ただし、一度の本締めでは締め付けにバラツキが発生するため、最後にもう一度確認します。

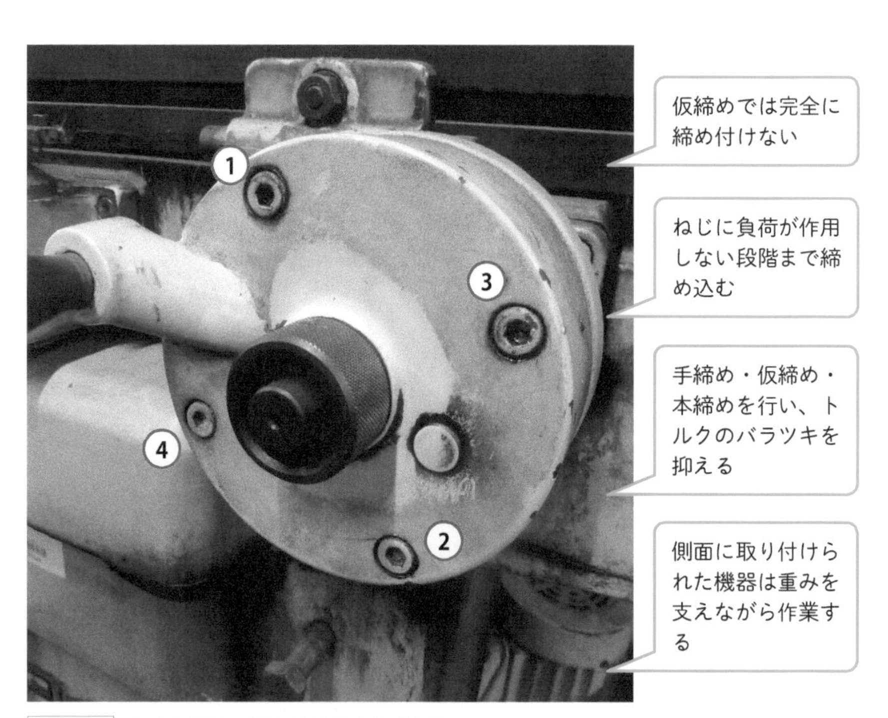
1
3
4
2
仮締めでは完全に締め付けない
ねじに負荷が作用しない段階まで締め込む
手締め・仮締め・本締めを行い、トルクのバラツキを抑える
側面に取り付けられた機器は重みを支えながら作業する

図2-1-4 たすき掛けで締め付け具合を感じ取る

分解は誰でもできるは嘘！　本締めの解放が難しい

分解作業では、ねじを緩めた瞬間に締め付け力が解放されます。本締めされたねじを解放するには、一度に緩めずに少しずつ角度を決めて、均等にたすき掛けで緩めていきます。

特に、機器内部にばねが組み込まれている油圧ポンプやバルブなどは、クランプした状態でねじを緩めるのがコツです（図2-1-5）。クランプせずにねじを緩めると、ばねの反発力でねじを損傷させせます。

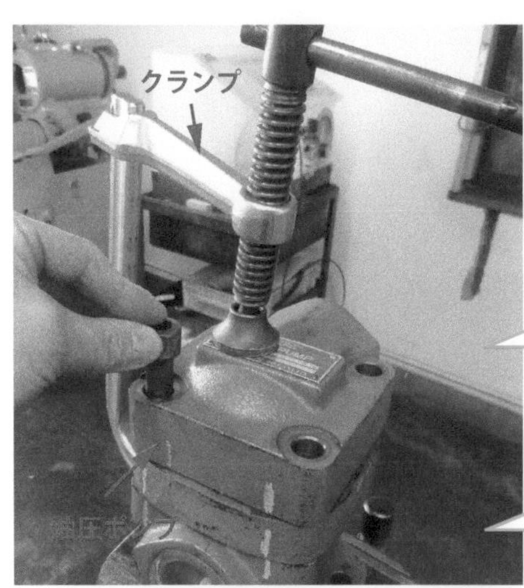
クランプ
油圧ポンプ

機器をクランプした状態で、ねじを緩める

油圧などの高い圧力が作用する機器では、ねじの損傷は致命的

ポンプ内部のばね

本締めの解放とともに、ばねの反発力がねじに作用する

図2-1-5　**クランプすることでねじの損傷を防ぐ**

2-2 長さの違いはトルクに影響する（六角レンチの活用）

六角穴付きボルトは、座ぐり加工を施すことによって頭部（キャップ）を埋め込みます。作業時の接触防止やテーブル面で機器をスライドさせるなど、干渉防止として利用されます。ねじおよび工具の取り扱いを確認します。

①長さの違いで仮締めと本締めを使い分ける

頭部（キャップ）の損傷を見逃さない

六角穴付きボルトは、頭部（キャップ）に錆びや異物が詰まるのが欠点です（図2-2-1）。気づかずに六角レンチを挿入させてトルクを作用させると、ねじ頭部と工具を損傷させます。特に、母材に埋め込まれたボルトは取り出せなくなります。ねじの損傷状態を判断することは、その後の作業にも影響します。

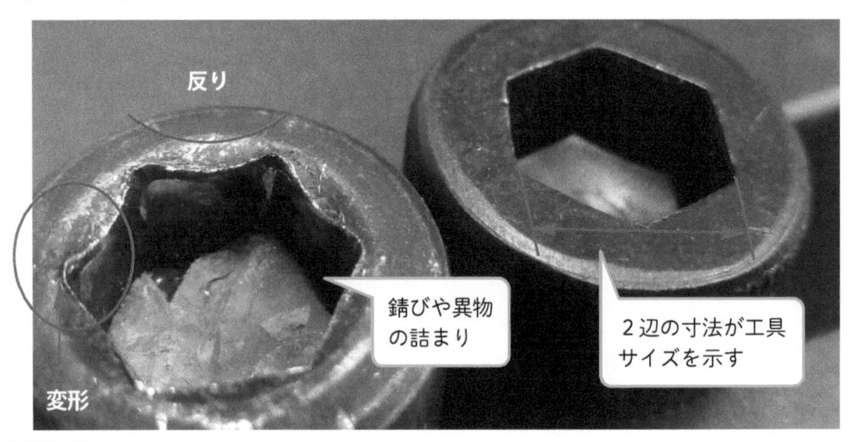
反り
錆びや異物の詰まり
2辺の寸法が工具サイズを示す
変形

図2-2-1 頭部（キャップ）の変形

ここがポイント

- 頭部（キャップ）が損傷したねじは、工具を挿入してもガタついて適正なトルクを掛けることができない

L字形状を使いこなす

六角レンチは、長さの違いで仮締めと本締めを使い分けます。仮締めでは、L字の長い方の先端を頭部（キャップ）に差し込みます（図2-2-2）。

また、先端に形成されたボールポイント（突起）は工具を斜めから差し込んでボルトを回すことができ、作業の効率化を図ることができます。しかし、ボールポイントを差し込んだ状態で、本締め作業をすることは厳禁です。ボールポイントが変形し、気づかずに使用するとねじ頭部（キャップ）をなめてしまいます（図2-2-3）。与えられた工具をそのまま使うのではなく、自ら点検することが大事です。

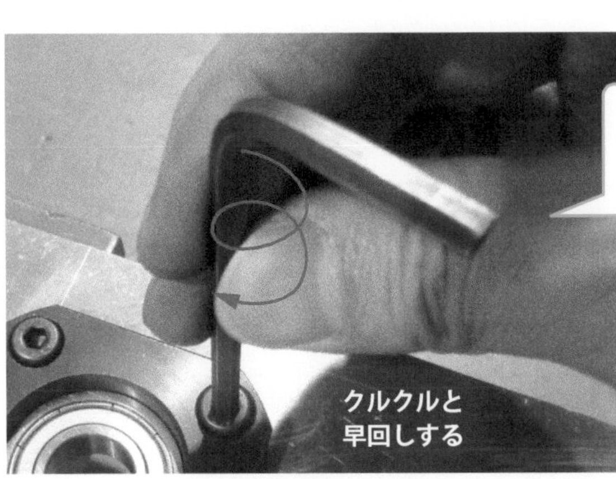
L字形状の長い方を六角穴に差し込み、クルクルと締め込む
クルクルと
早回しする

図2-2-2　**長さの違いを判断する**

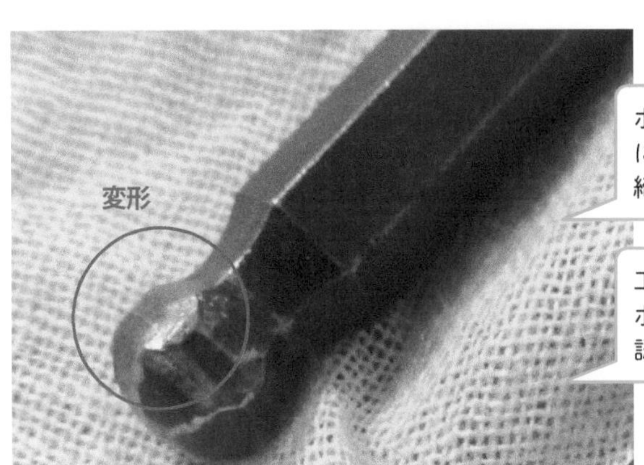
ボールポイントは仮締め側に形成されているため、本締めできない
工具を注文する際には、ボールポイントの有無を確認する
変形

図2-2-3　**ボールポイントでの本締めは避ける**

②本締めで継ぎ足しパイプは禁止

本締めでは工具の挿入を確実に！

本締め作業ではL字の短い方の端をボルトに差し込み、長い辺を持って確実にトルクを作用させます。工具の傾きを防ぐために、片手で握らずもう一方の手を添えて、ねじと工具の軸芯（傾き）を合わせるのがコツです（図2-2-4）。

継ぎ足しパイプは工具損傷につながる

六角レンチに延長用のパイプなどを継ぎ足して、トルクを作用させてはいけません。工具自体の強度を超える力（オーバートルク）が作用して損傷します。損傷した工具はトルク管理ができなくなります（図2-2-5）。

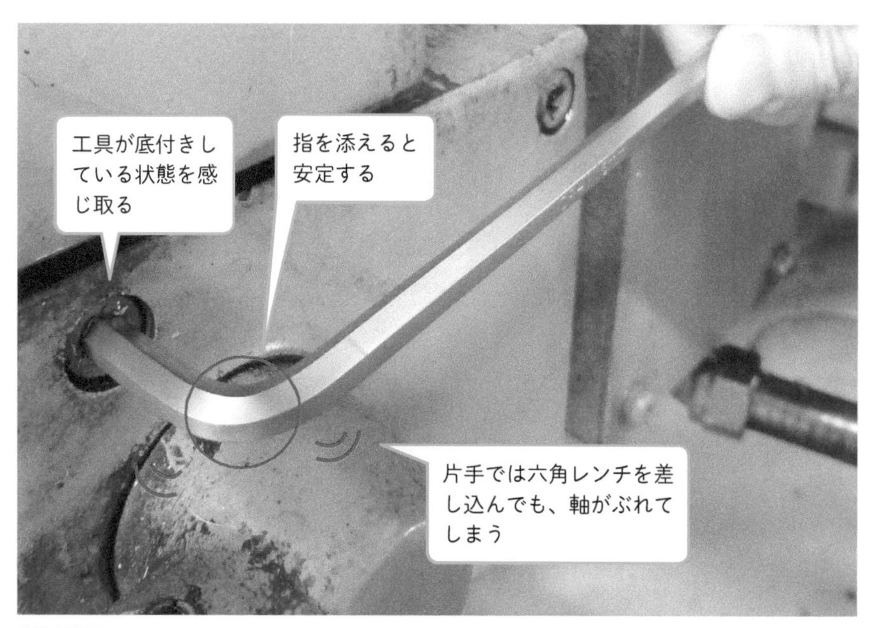
工具が底付きしている状態を感じ取る
指を添えると安定する
片手では六角レンチを差し込んでも、軸がぶれてしまう

図2-2-4　本締め作業でのねじ損傷を防ぐ

ここがポイント

- 工具を両手で取り扱い、挿入時のガタツキや締め加減を感じ取る
- 六角レンチは、大きなサイズから挿入してサイズを合わせる

六角レンチはサイズに応じて、力加減をコントロール（トルク管理）する必要があります。特に2面幅が1.5mmなどの小さいサイズ（M3ねじ）では、手でしっかり握って締め付けると工具自体にねじれが発生します。3本の指で工具をつまむようにして、トルクを作用させるのがコツです。

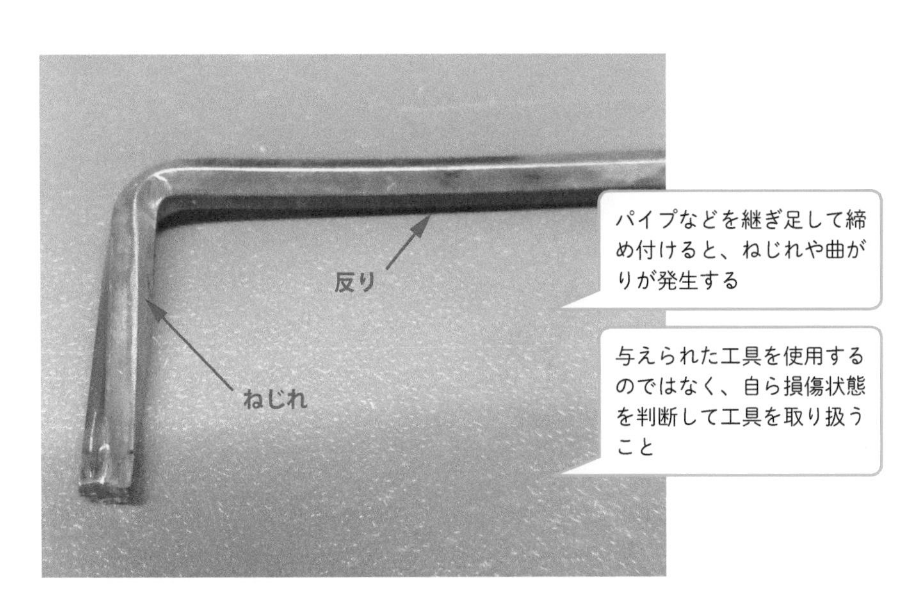
反り
ねじれ
パイプなどを継ぎ足して締め付けると、ねじれや曲がりが発生する
与えられた工具を使用するのではなく、自ら損傷状態を判断して工具を取り扱うこと

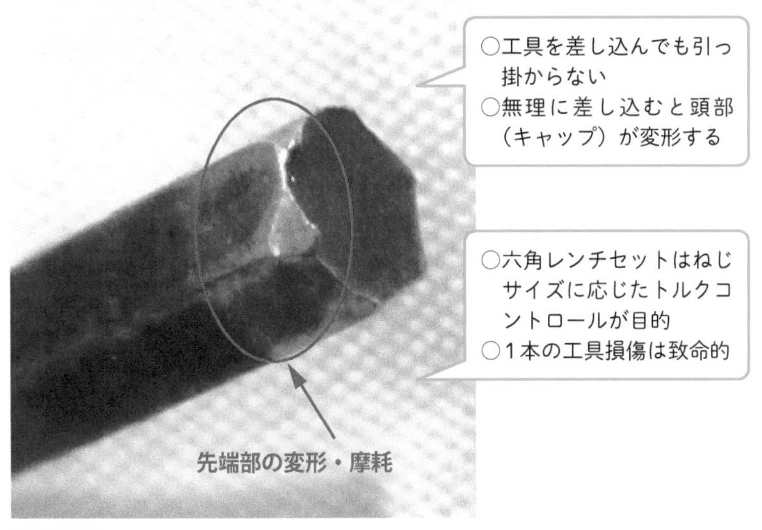
○工具を差し込んでも引っ掛からない
○無理に差し込むと頭部（キャップ）が変形する
○六角レンチセットはねじサイズに応じたトルクコントロールが目的
○1本の工具損傷は致命的
先端部の変形・摩耗

図2-2-5　トルク管理ができなくなった工具

2-3 仮締めと本締めを使い分ける（スパナとメガネレンチ）

六角ボルト・ナットの締結では、スパナとメガネレンチが活用されます。スパナと違い、メガネレンチはボルト・ナットの頭に確実に差し込まなければ、工具刃先を損傷させます。スパナとメガネレンチによる締結方法を確認します。

①スパナは仮締めで使う

サイズを合わせて締め付けるコツ

スパナの呼び（サイズ）は、口径部の二面幅寸法で表します（図2-3-1）。サイズが10mm、11mmでは1mm違うだけで、ボルト・ナットの引っ掛かり具合が大きく違います。特に配管関係はインチサイズが使用されるため、合わせたときに「ちょっときついな、緩いかな？」と感覚で判断せずに必ずサイズを確認しましょう。

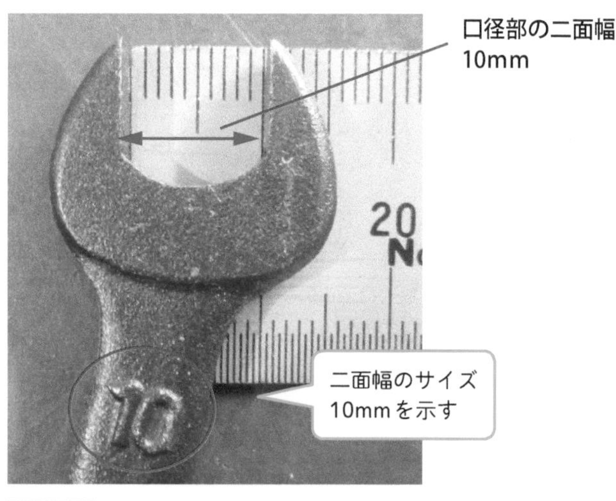

口径部の二面幅
10mm
20
二面幅のサイズ
10mmを示す
10

図2-3-1 スパナの数字は二面幅を示す

サイズを合わせて締め付けるコツ

ボルト・ナットに適するスパナを合わせても、わずかな隙間があります。スパナに力を加えると、実は面ではなく2点で接触します。このため、本締めなどの強い締め付けを作用させると、ボルト・ナットの側面を変形させやすくなります（図2-3-2）。本締め使用時は注意し、仮締めで使用するようにしましょう。

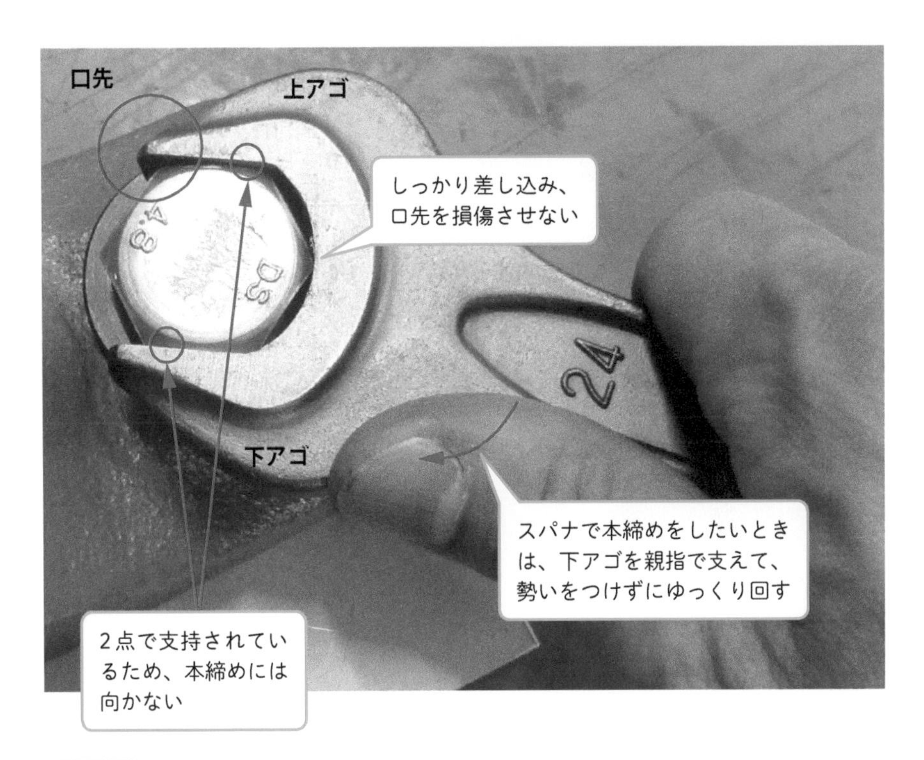
口先
上アゴ
しっかり差し込み、口先を損傷させない
下アゴ
24
スパナで本締めをしたいときは、下アゴを親指で支えて、勢いをつけずにゆっくり回す
2点で支持されているため、本締めには向かない

図2-3-2 仮締めでスパナを使いこなす

ここがポイント

- 口径部が広がると、六角ボルトやナットを噛んでしまう
- 配管関係はインチサイズの部品や対応するスパナがあるため、工具箱の中身を確認する

②メガネレンチは本締めで使う

強度区分けの高いボルトに注意する

メガネレンチはリング状の6点で接触しているため（スパナは2点）、頭部がボルト・ナットから外れにくく、高い締結力が得られます。このため、スパナで締結後にメガネレンチを使用すると、わずかに締まります（図2-3-3）。その反対に、強度区分けの高いボルトに対してスパナで緩めると、口先や口径部を広げてしまいます。必ずメガネレンチを用いて、本締めの解放を行いましょう。

メガネレンチのエッジを判断する

エッジが摩耗していると引っ掛かりが少なくなるため、ボルトをなめます（図2-3-4）。工具の損傷状態を見極めて、使用することが大切です。

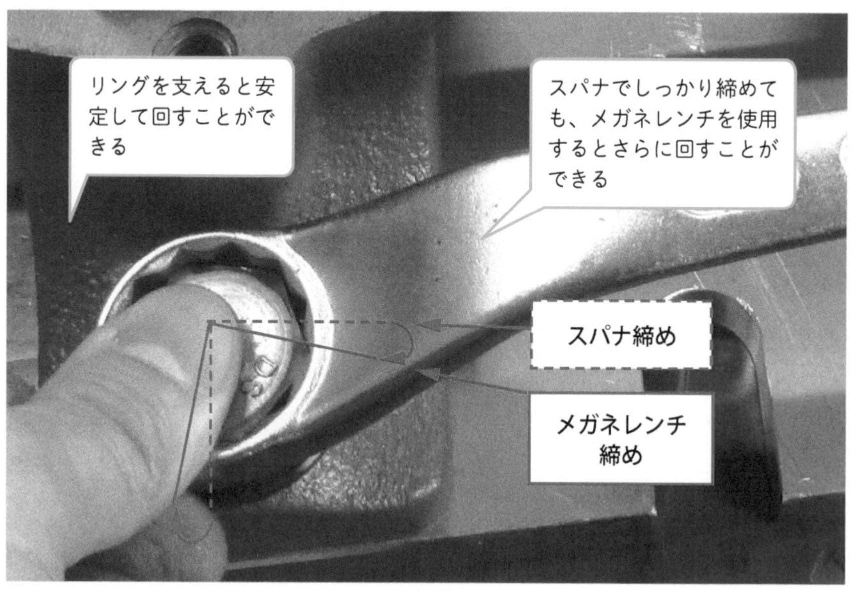

リングを支えると安定して回すことができる
スパナでしっかり締めても、メガネレンチを使用するとさらに回すことができる
スパナ締め
メガネレンチ締め

図2-3-3　**本締めで欠かせないメガネレンチの有効性**

ここがポイント

・締結時はスパナで仮締めし、本締めでメガネレンチを適用する

ソケットレンチの6角と12角の活用

ソケットレンチの「12角」は、はまる位置（角度）が多いことが特徴です。振り回す角度が少なくて済み、作業性を高められます（図2-3-5）。

「6角」は、広い接触面で把持するため、ボルトの角を損傷させにくいのが特徴です。角をなめてしまったボルトに対しては、引っ掛かりやすくなり緩めることが可能です。

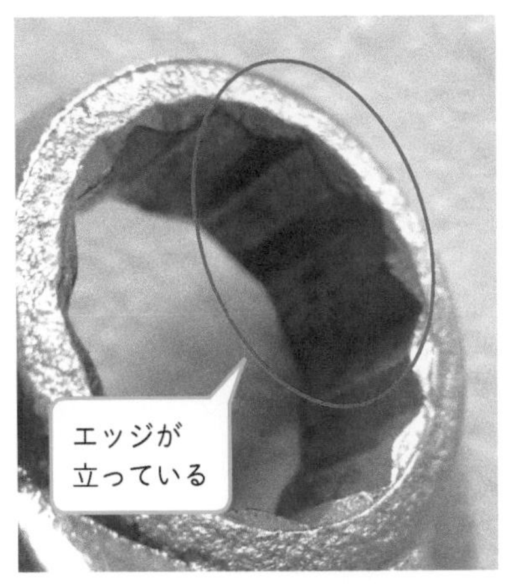
エッジが
立っている

エッジが摩耗
している

図2-3-4　**メガネレンチの損傷判断**

「12角」は30°ではまり、
作業性が良い

「6角」は面で支え、角を
損傷させたねじを回せる

図2-3-5　**ソケットレンチの角数の違いと使い分け**

2-4 軸力こそがカギ（プラス・マイナスドライバー）

プラス・マイナスドライバーは六角レンチやメガネレンチに比べて、トルクの管理がし難い工具です。プラス・マイナスドライバーは仮締めと本締めを１本の工具で行うため、工具選定と取り扱いが悪ければねじ頭をなめてしまいます。適切な工具選定とねじの損傷を確認します。

①ねじ頭をなめやすいプラス・マイナスねじの損傷原因

プラスドライバーのサイズは十字の大きさによって使い分ける

プラスドライバーは、ねじのサイズによってNo.1（～M2.6）が小さく、No.3（～M8）が大きいサイズです。No.3によって締結されたねじは、高い締結力で締められているため、No.1で緩めると一発でねじ頭をなめてしまいます（図2-4-1）。当然、工具先端も摩耗させてしまいます。

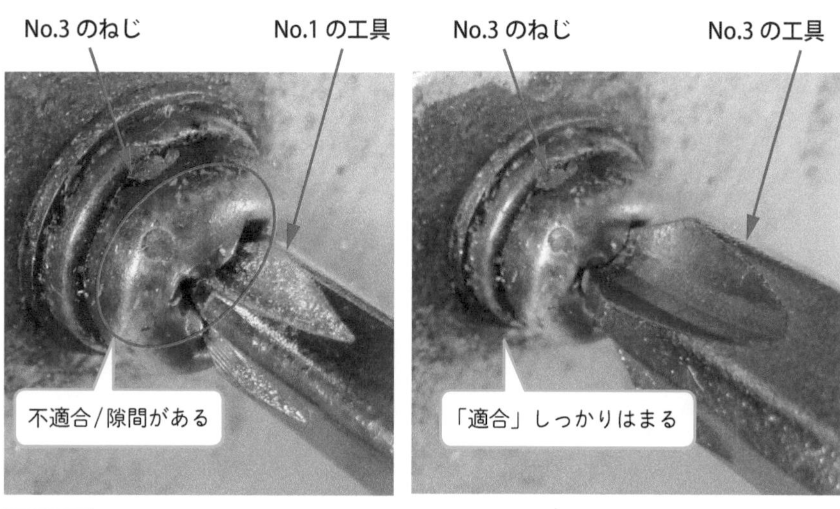
No.3 のねじ
No.1 の工具
不適合/隙間がある
No.3 のねじ
No.3 の工具
「適合」しっかりはまる

図2-4-1　ねじ頭のサイズを見極める

マイナスドライバーのサイズは先端部の幅と厚さで決まる

マイナスドライバーは幅だけではなく、先端の厚みも違います。特にねじサイズに対してドライバーサイズが小さいと、トルクに負けて先端部が反り、欠けてしまいます。当然、ねじ溝も変形します（図2-4-2）。

No.2の工具
No.3のねじ
ドライバーのサイズが小さいため、ねじ頭を損傷させている

ねじとドライバーのサイズが合っているときは、しっくりとはまり、ガタツキが少ないことが感じ取れる

欠け
マイナスドライバーは反りや欠けが発生しやすい

軸の曲がりや反ってしまった工具は、正確に力を伝えられない

サイズの大きい工具を差し込み、合わないときはその下のサイズを選定する

図2-4-2　**ねじ頭のサイズを見極める**

②回すことより押すことを意識せよ

ねじに作用させる力の割合

トルクが作用する本締め作業では、7割の力で工具を押し込み、3割の力でねじを回すと効果的です（7：3の力加減）（図2-4-3）。ただし、仮締めでは押す力が強すぎると、ねじ山を損傷させてしまいます。7：3の力加減は、本締めの際に適用します。

ねじの芯と工具の軸芯を合わせる

横方向に取り付けられたねじに対して、体勢が悪いと工具が傾きやすくなります。片手で工具を操作していると、ねじの芯と工具の軸芯がずれて、ねじをなめてしまいます。常に軸に手を添えて回転ブレを防ぎましょう。

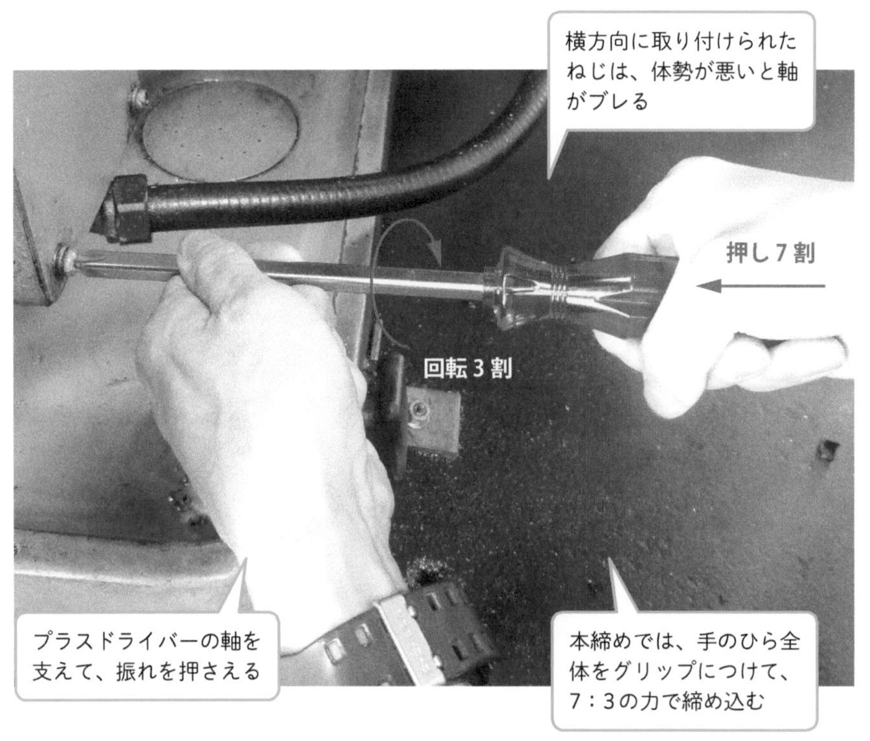
横方向に取り付けられたねじは、体勢が悪いと軸がブレる
押し7割
回転3割
プラスドライバーの軸を支えて、振れを押さえる
本締めでは、手のひら全体をグリップにつけて、7：3の力で締め込む

図2-4-3　ドライバーに体重を掛けながら押し回す

外せないねじにはインパクトドライバーを使う

錆びや固着したねじ、ねじ頭がなめて損傷した場合などにインパクトドライバーを使用します（図2-4-4）。インパクトドライバーは鉄ハンマーでグリップ後部を叩くと、その力が回転に変化し、ねじを緩めたり締め付けたりできます。

貫通ドライバーも使用されますが、工具先端が衝撃によって摩耗することがあります。使用する際には注意しましょう。

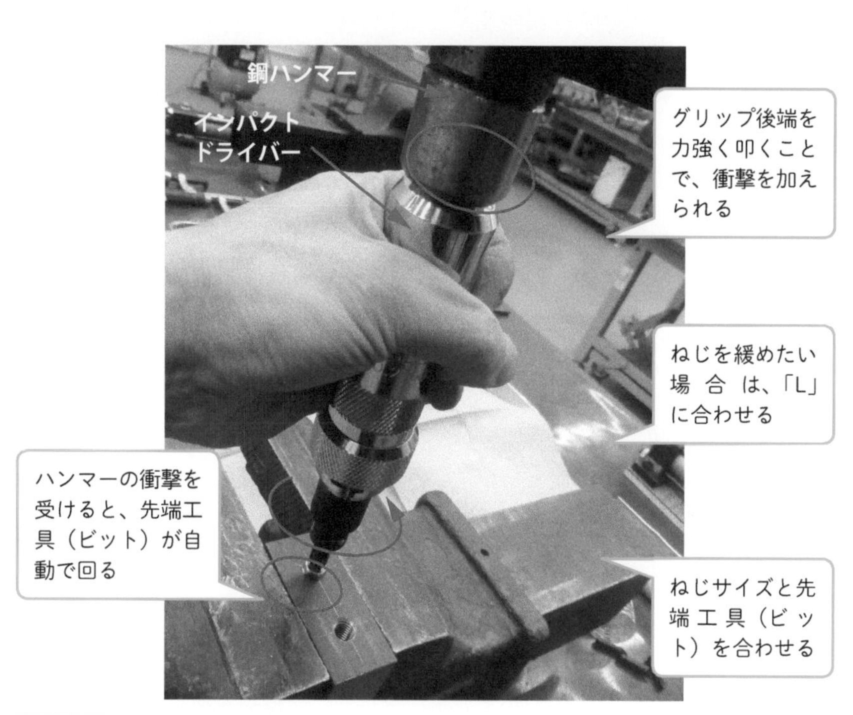
鋼ハンマー
インパクトドライバー
グリップ後端を力強く叩くことで、衝撃を加えられる
ねじを緩めたい場合は、「L」に合わせる
ハンマーの衝撃を受けると、先端工具（ビット）が自動で回る
ねじサイズと先端工具（ビット）を合わせる

図2-4-4　固着したねじを外すインパクトドライバーの適用

ここがポイント

- 工具が傾かないように押す力を意識する
- ドライバーの先端をねじ溝に合わせて、ねじとのガタツキがない状態で作業する

2-5 便利な道具は適用箇所を見極めろ

モンキーレンチやラチェットハンドルは、工具箱に1セット用意しておくことで、作業の効率が期待できます。しかし、使い方を間違うと、工具もねじも損傷に至ります。使用上の課題を把握した上で、適切な使い方を確認しましょう。

①大は小を兼ねないモンキーレンチの難点

モンキーレンチは、ローレット（調整駒）が動くことによって下アゴがスライドし、さまざまなボルト幅に対応できる利点があります（図2-5-1）。しかし、スパナと同じ感覚で強いトルクを作用させると、ローレットが引っ掛かって緩まなくなります。

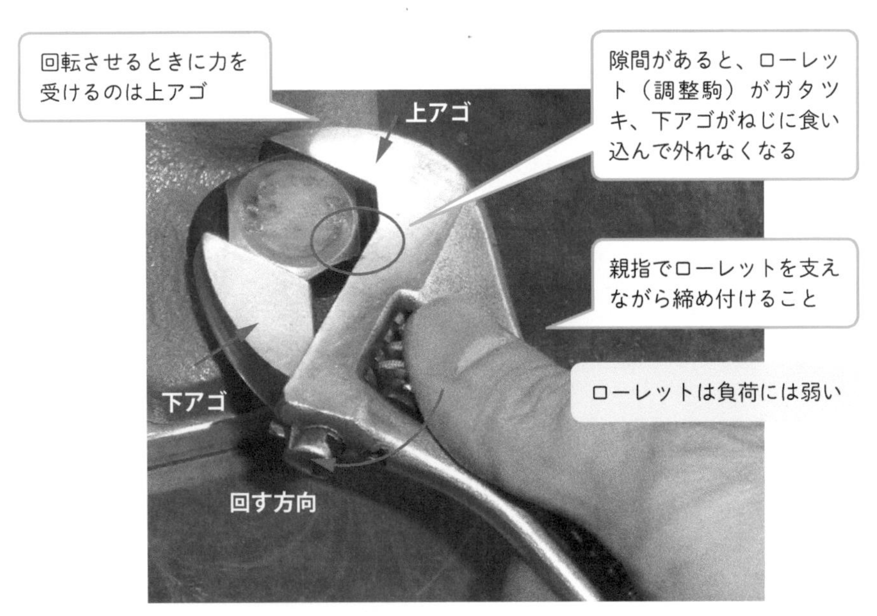
回転させるときに力を受けるのは上アゴ
上アゴ
隙間があると、ローレット（調整駒）がガタツキ、下アゴがねじに食い込んで外れなくなる
親指でローレットを支えながら締め付けること
ローレットは負荷には弱い
下アゴ
回す方向

図2-5-1 モンキーレンチは仮締めで使用する

モンキーレンチのサイズ選定を間違えるな

モンキーレンチは、サイズが大きければ可動範囲もその分広がります。したがって、工具箱には一番大きめのサイズを選びそうですが、選定方法としては検討の余地がありそうです（図2-5-2）。

小型のタイプ（L100mm）ではトルクは小さく、サイズの大きなボルトを無理に締めようとすると、ローレットの損傷につながります。一方、大型のタイプ（L350mm）で小さなボルト（M6ねじ）を締めると、工具自体の重さも加わり、まったく締め加減が判断できません。トルクコントロールができずに、破断させる可能性があります。便利な工具ほど取り扱いについて意識するとよいでしょう。

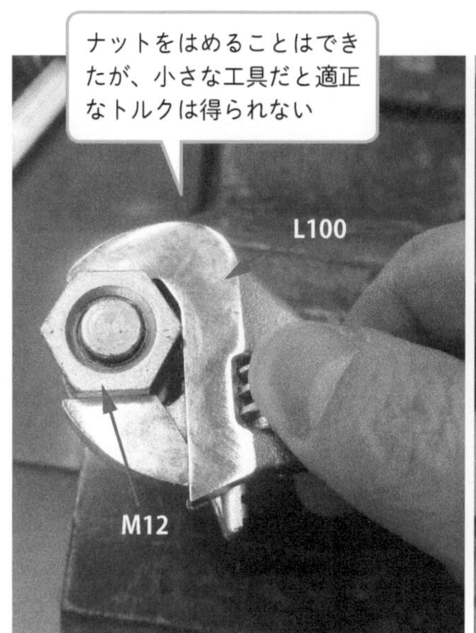
ナットをはめることはできたが、小さな工具だと適正なトルクは得られない
L100
M12

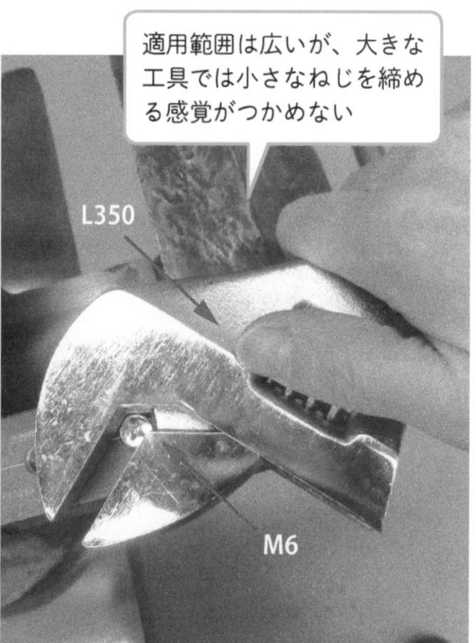
適用範囲は広いが、大きな工具では小さなねじを締める感覚がつかめない
L350
M6

図2-5-2 モンキーレンチサイズの適合判断

ここがポイント

- モンキーレンチは、ちょうど良いサイズはどれかが判断できない
- 締結の基本はスパナ、メガネレンチの使用を心掛ける

②ラチェットハンドルは仮締めとして使用する

ラチェットハンドル内部のラチェット機構を図2-5-3に示します。ラチェットハンドルは、一定の方向（締める、緩める）に自由に回転でき、逆方向には回転できないように固定されます。したがって、工具を回しにくい狭い場所や、作業性を高めたいときなどに多用される工具です。

しかし、ラチェット機構は内部の歯車や鍵爪によって回転方向を制御するため、本締めのような強い負荷をかけると、機器を損傷させることになります。ラチェット機構をうまく作用させるには、手締めでしっかり締めておか

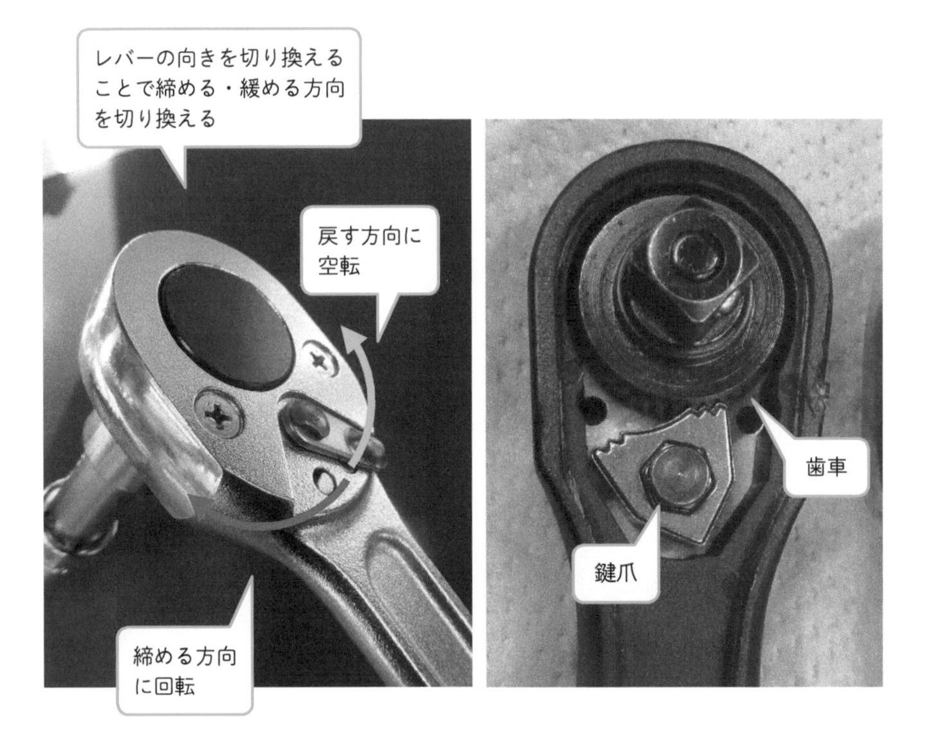

レバーの向きを切り換えることで締める・緩める方向を切り換える
戻す方向に空転
締める方向に回転
歯車
鍵爪

図2-5-3 ラチェットハンドルの構造

ここがポイント

・ラチェットハンドルは、工具を掛け直す必要がないため作業性が高い
・手締め後に、仮締めとしてラチェットハンドルを使用する

ないと、ハンドルを戻したときにボルトも一緒に供回りによって緩んでしまいます。

またエクステンションバーを取り付けることで、深い場所などの距離がある位置での締結に便利です（図2-5-4）。しかし接合部が増えた分、傾きによって軸芯がずれやすくなります。軸芯のズレは接合箇所などに負荷として現れます。作業性のみを意識せずに、ねじの芯に力が作用することを感じながら取り扱いましょう。

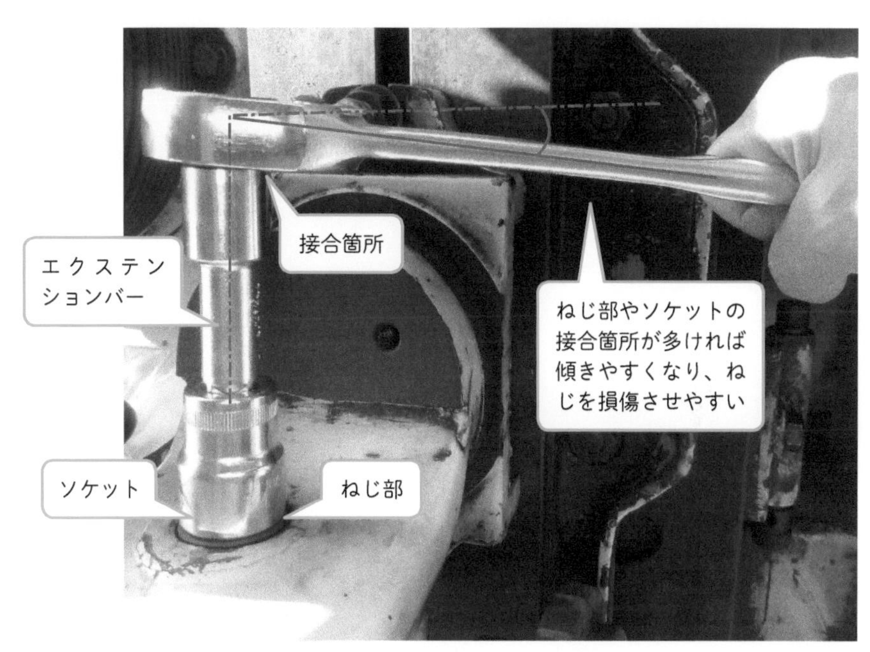
接合箇所
エクステンションバー
ねじ部やソケットの接合箇所が多ければ傾きやすくなり、ねじを損傷させやすい
ソケット
ねじ部

図2-5-4 **工具の倒れを意識した使用上の注意点**

ここがポイント
・ねじ部に垂直に工具を押し付け、ハンドルを水平にして回す
・回すことだけを考えると、うまくねじ部にトルクを伝えられない

2-6 工具の理解で終わらせない組立精度を高める技

シールを剥離するときに、スクレーパーで傷をつけてしまうことがあります。修正の仕方が悪いと、ガスケットやシールを取り付けても漏れが解消されません。やすりと砥石による修正を確認します。

①取り付け面の突起やバリを見逃すな！

錆び防止のための塗料や強固に付着したガスケットは、思い通りに除去できないことがあります。マイナスドライバーの先端部などで無理に除去しようとすると、傷が発生して漏れの原因となります。

見てすぐわかるような突起やバリなどは、やすりを用いて修正します（図2-6-1）。機器を分解したときは、部品外周部だけではなく、取り付け穴に発生したバリなども除去するとよいでしょう。

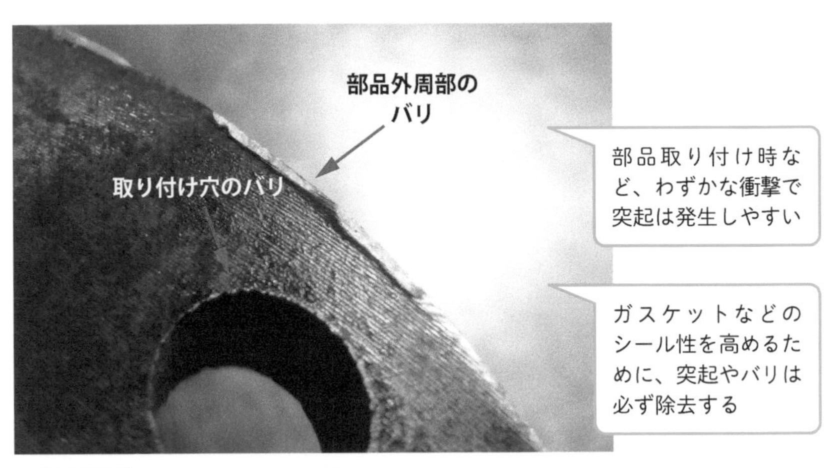
部品外周部のバリ
取り付け穴のバリ
部品取り付け時など、わずかな衝撃で突起は発生しやすい
ガスケットなどのシール性を高めるために、突起やバリは必ず除去する

図2-6-1 部品外周部はバリが発生しやすい

ここがポイント

・取り付け面や可動部の面状態は手のひら、指先で確認する

②やすりと砥石を使いこなそう

やすりは一方向に削り、最後は糸面取りする

作業効率を考えてやすりを「押し↔引き」しても、バリの除去はできません。「引き」ではまったく削ることはできず、かえって加工面を粗らすことになるのです。

やすり掛けの基本は一方向に「押す」ことで、バリの方向（カエリ）も一定になります（図2-6-2）。そして、最後に糸面取りでカエリを除去します。

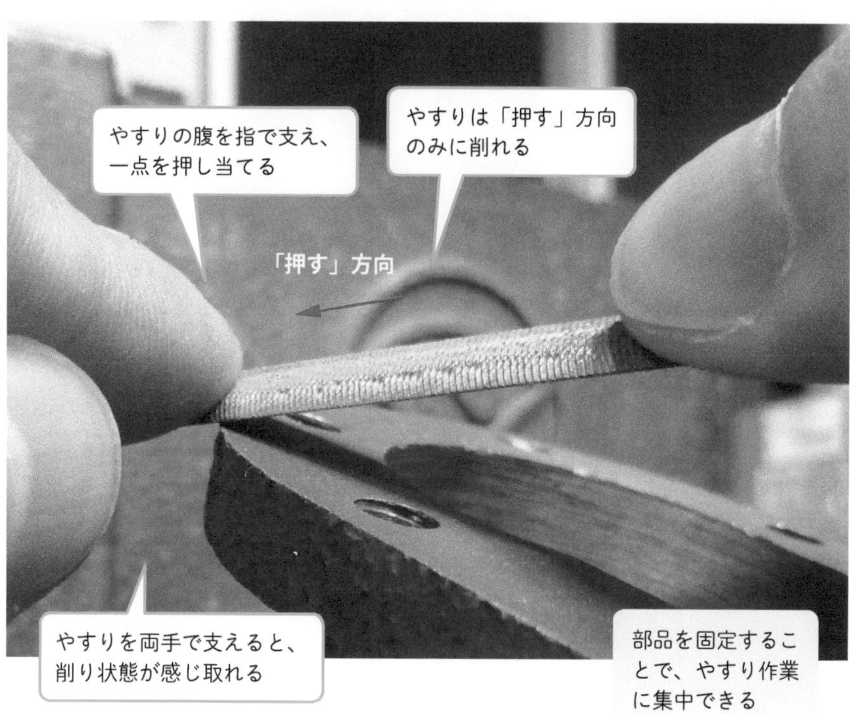
やすりの腹を指で支え、
一点を押し当てる
やすりは「押す」方向
のみに削れる
「押す」方向
やすりを両手で支えると、
削り状態が感じ取れる
部品を固定するこ
とで、やすり作業
に集中できる

図2-6-2 **取り付け外周部の傷**

ここがポイント

・やすりは形を削り出すため、粗目を主体に揃えるのが実用的
・加工面は1本の工具で使い回さず、粗目～細目を使い分ける

砥石は面全体を当てる

手のひらや指先で感じる微小な凹凸は、砥石（オイルストーン）で除去します。磨きたい面に砥石を押し当てながら、ゆっくり動かします（図2-6-3）。突起があると引っ掛かりを感じます。磨いた面を指先で触り、引っ掛かり具合を判断します（図2-6-4）。

砥石を指の腹で押し付けることで突起の状態を感じ取る
砥石
油
必ず砥石と加工面に油を浸み込ませて磨く

図2-6-3　砥石（オイルストーン）の使い方

凹み
凹みの周辺が盛り上がっていたことがわかる
周辺部が大きく磨かれないようにする

図2-6-4　上手く磨けた面

ここがポイント

・通常の作業では粗目（80番）、中目（130番）を使用し、細目（300番）を仕上げとする

異物の詰まりを除去しよう

やすりや砥石に目詰まりした切りくずは、仕上げ面を悪化させるため除去します。やすりはワイヤブラシを手前に引きます（図2-6-5）。砥石はガラスなどの平らな面に耐水ペーパーを敷き、八の字を書くようにして均一に磨きます（図2-6-6）。

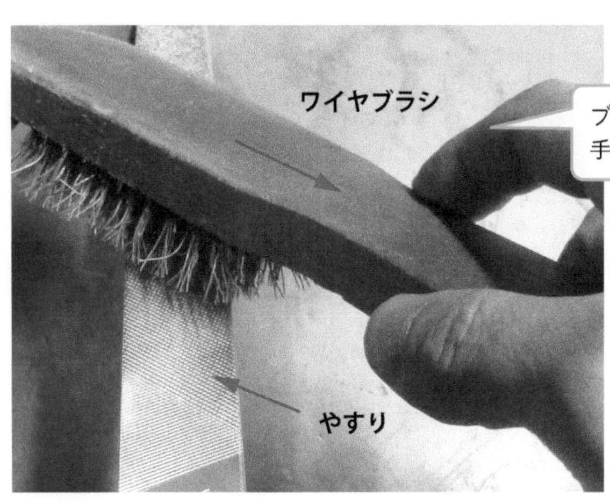
ワイヤブラシ
やすり
ブラシは斜め
手前に掃く！

ついやってしまうミス！
やすりの先端に向かって、ワイヤブラシを掃っても、除去できない！

図2-6-5　砥石（オイルストーン）の使い方

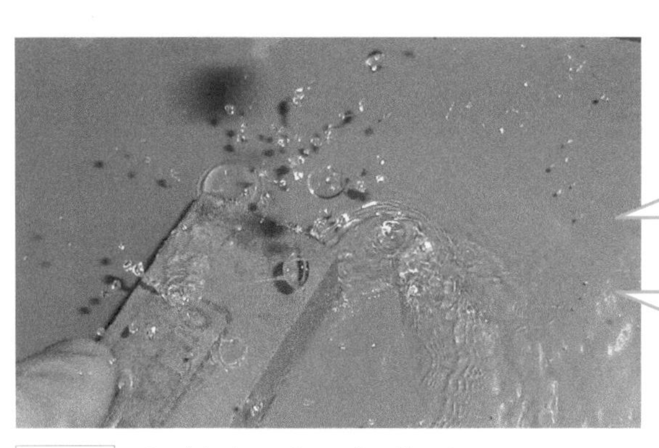
耐水ペーパーに粘度の低い油（VG32程度）を注油しながら磨く
目詰まりが発生しないように、磨き粉を除去しながら研磨する

図2-6-6　砥石（オイルストーン）の使い方

ここがポイント

- やすりや砥石は、使用前に目詰まりや傷の状態を点検する
- 目詰まりのない状態で使用することで、削りや磨きを感じ取れる

2-7 回転体はねじの締め方にコツがある

回転体は、ねじの配置によってボルトを締め付ける順番があります。偏った取り付けをすれば当然引っ掛かり、良好に回転しません。そこで、うまく軸が回転できるような締め方を確認します。

①左右均等たすき掛けが基本

位置決めピンの有効性

傾きや位置ズレを防ぎながら、うまく取り付けるために位置決めピンが活用されます。位置決めピンの寸法精度は高く、離れた対角線上に２カ所配置されているのが特徴です（図2-7-1）。

ただし位置決めピンがあっても、長軸の傾きは修正できません。ハンドルを回転させ、手元と軸先端部の引っ掛かかる違和感などを感じ取りながら、軸芯を合わせます。一度に組み付けないようにしましょう。

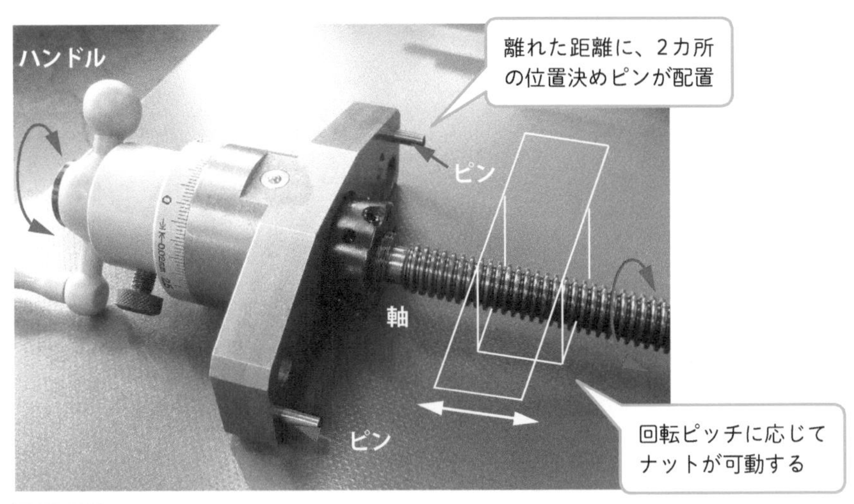
ハンドル
離れた距離に、2カ所の位置決めピンが配置
ピン
軸
ピン
回転ピッチに応じてナットが可動する

図2-7-1 長尺軸の組立の難所

片持ち取り付けは振れの状態を確認しよう

給水ポンプなどの片持ち支持形式では、静止時と運転時の回転振れの影響を見過ごしてはいけません。軸芯のズレはモーターの損傷につながります。分解や清掃後の取り付けでは、軸を手で回しながら回転中心と蓋の芯を合わせます（図2-7-2）。

特に外観ではわかりませんが、部品によっては左右非対称のものがあります。分解前にマーキングを行い、蓋などの向きや角度、位置ズレによる干渉を防ぎましょう（図2-7-3）。

軸を手で回しながら
回転中心を確認する
軸
回転羽

図2-7-2　手回しで軸芯を探る

位置ズレを確認しながら
締結する
本体
位置ズレ
発生！
本体

図2-7-3　長尺軸の取り付けの難所

ここがポイント
・仮締めで軸を回しながら、位置ズレによる引っ掛かり具合を感じ取る
・マーキングのわずかなズレを見過ごさずに締結する

②バランス良くひずみを逃がす締結方法

手締めでガスケットの配置を決めよう

ガスケットの材質や厚みによって、クッション性の高いもの（柔らかいタイプ）があります。本締めの加減が判断し難く、締めすぎによる増し締めに注意します。

初めに、ガスケットをうまく配置して手締めします。主軸を手回しして引っ掛かかりを感じたときは、ガスケットのねじ取り付け穴が、ずれることがあります（図2-7-4）。このまま仮締めをすると必ず漏れるために、一度分解してガスケットの配置を見直します。この手間を省くと、すべてが台なしです。

めくれている
ねじに接触していた箇所に亀裂が発生し、液漏れする
ガスケットの位置ズレは、ねじ穴全体に影響する
手締めで、ねじ穴とガスケットの引っ掛かり具合を判断する
干渉している

図2-7-4　締結ミスによるガスケットの損傷

ひずみをうまく分散させる締結方法

ねじが楕円形状に沿って配置された歯車ポンプなどは、対角線上にたすき掛けで締め付けると、ひずみが発生して主軸がうまく回りません。また、ガスケット（シールパッキン）からの液漏れの原因となります。

ひずみをうまく分散させるための締結手順を、図2-7-5に示します。初めに内側のねじ（4本 ①～④）を、主軸を手回ししながら対角線上に仮締めします。次に外側のねじ（4本 ①～④）を仮締めし、ひずみを逃がします。

主軸の回転が引っ掛かるようであれば、締め付けをやり直します。ジワリジワリとひずみを外側に逃がすイメージを持ちながら、仮締めと本締めを行います。

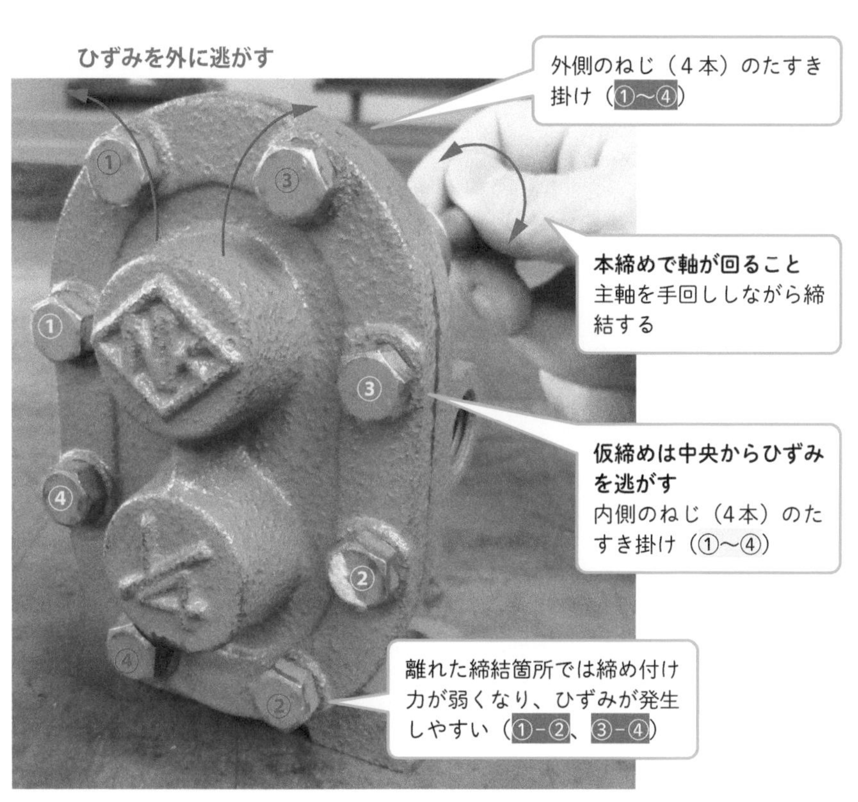
ひずみを外に逃がす
外側のねじ（4本）のたすき掛け（①～④）
本締めで軸が回ること
主軸を手回ししながら締結する
仮締めは中央からひずみを逃がす
内側のねじ（4本）のたすき掛け（①～④）
離れた締結箇所では締め付け力が弱くなり、ひずみが発生しやすい（①-②、③-④）
①
③
①
③
④
②
④
②

図2-7-5 ひずみを逃がす締結方法

ガスケットを自作しよう

初めに取り付け面の突起部を、砥石を用いて除去します。このとき放射状に磨くと、液漏れの原因となります。したがって、必ず円周方向に磨くようにします（図2-7-6）。

このとき、ガスケットの厚さや枚数を確認しておきます。ガスケットは指定された材質や厚さのほか、隙間調整として数枚重ねる場合もあります。そのため、使用後のガスケットは管理しておきます。

次に朱肉や光明丹を塗り、ガスケットに転写させます。皮ポンチでねじ穴をあけて、形状に沿ってカッターやはさみを使用して裁断します（図2-7-7）。ガスケットの変形や伸びを防ぐために、内側を先にカットしてから外側をカットするのがコツです。

放射状の研
磨は避ける
円周方向に
研磨する
光明丹を塗る

図2-7-6　ガスケットへの転写

ポンチ径は、ねじ穴より少し大きめを選ぶ
内側を先に
カットする
ゴム板
外側

図2-7-7　皮ポンチによる穴あけ

第3章

調整次第で寿命に差が出るベルトとチェーンの張り直し

回転機器に使用されるＶベルトやチェーンは、徐々に伸びて異音の発生や早期劣化につながります。この状態を見過ごすと破断に至るため、定期点検では巻き込まれなどに注意しながら、適正値をもとに張り替えを行います。

同時にプーリーやスプロケットの摩耗状態も確認します。特に長期間使用するためには、運転後も定期的な張り直しや芯出し確認が欠かせません。一つひとつの作業を確認し、安全にうまく交換するコツを披露します。

3-1 Vベルトの張り状態を判断してベルトの破断を防ぐ

Vベルトを一度張ったままの状態で、機器が動いているからと言って安心してはいけません。ベルトは徐々に伸びてスリップし、破断に至ります。設備停止を避けるためにも、ベルトによる動力伝達の特徴を確認します。

①Vベルトが使用されるところ

Vベルトは V 溝プーリーにベルトを食い込ませる（クサビ効果）ことで、摩擦力を発生させて動力を伝達します。このため、搬送用の平ベルトに比べて高い伝達効率が得られ、図 3-1-1 に示すようなコンプレッサをはじめ工作機械などに多用されます。

コンプレッサは圧縮空気をつくり出すために、モーターが運転・停止を繰り返す

ベルトも同様に負荷を受けるため、日常点検ではスリップ音を聞き漏らさない

図 3-1-1 Vベルトの適用

ここがポイント

・工作機械やコンプレッサなどでは、過負荷が発生したときにベルトを滑らせてシステムを保護する

②形式から長さを読み取る

Vベルトを交換するときは、ベルトの形式と長さの確認が重要です。

Vベルトは標準Vベルトのスタンダードタイプと、耐油性・耐熱性に優れたレッドタイプがあります。形はM形・A形・B形・C形・D形、細幅Vベルト（3V形・5V形・8V形）があります。これらの特徴は、Vベルトの断面が40°で形成されている点です。ベルト背面に記された長さはインチ（25.4mm/インチ）で示されます（図3-1-2）。

A-31
A-31
ベルトの有効ピッチ周長さをインチ（inch）単位で示される

ベルト呼称　表示例　A-31
A　：ベルト形
31：ベルト呼び番号（inch）
→31×25.4＝周長さ787mm

図3-1-2　Vベルトの形と長さ

ここがポイント

・ベルトのサイズが違えば、動力伝達力も曲率半径も異なる

③ベルトは張ってこそ機能する

Vプーリーはサイズによって角度が違う

実はVベルト（40°）に対して、プーリーのV溝角度は40°ではありません。Vプーリーのv溝角度は直径によって異なります。

プーリーに形式が刻印されていなければ、直径を測ります（図3-1-3）。JISのA形では直径71mm以上100mm以下では34°、100を超えて125mm以下は36°、125mmを超えるものは38°になります（表3-1-1）。

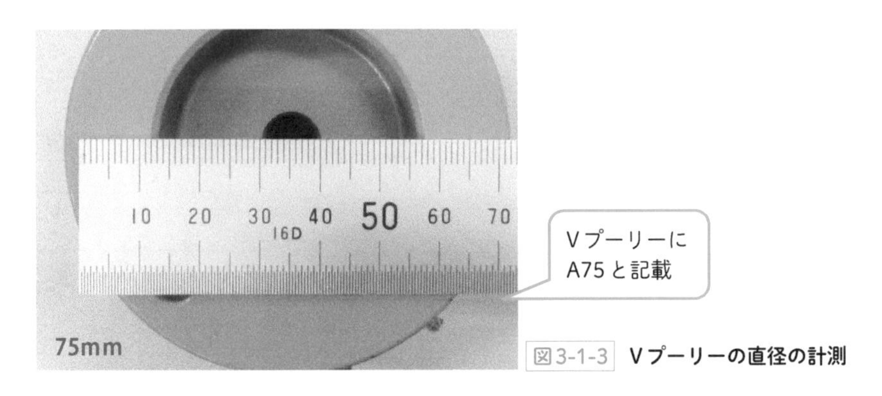
10 20 30 40 50 60 70
16D
75mm
Vプーリーに
A75と記載

図3-1-3 Vプーリーの直径の計測

表3-1-1 Vプーリーの溝角度の違い

Vベルトの形状	呼び径（mm）	溝角度（°）
M	50〜71	34
	71〜90	36
	90〜	38
A	71〜100	34
	100〜125	36
	125〜	38
B	125〜160	34
	160〜200	36
	200〜	38

3種類の溝角度を採用している

直径75mmは V溝角度34°となる

ここがポイント

・Vプーリーの溝角度は、直径で角度が異なる

クサビ効果の有効性

Vベルトの角度（40°）に対して、V溝形状（34°）では合いません。しかし、ゴム製のVベルトをプーリーに巻き付かせてギュッと張ることで、Vベルトの角度（40°）をV溝形状（34°）に沿って変形させます。

このとき、ベルトの側面がV溝を押し付ける力（摩擦）が作用します。これがクサビ効果です（図3-1-4）。あえて異なる角度を組み合わせることで、摩擦による高い伝達力が得られるのが特徴です。ベルトの角度は、走行中やプーリーに巻き付いたときなどで連続的に変化します。

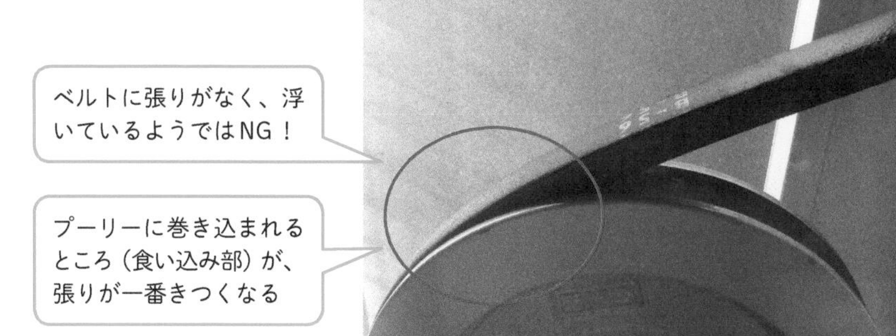
ベルトに張りがなく、浮いているようではNG！
プーリーに巻き込まれるところ（食い込み部）が、張りが一番きつくなる

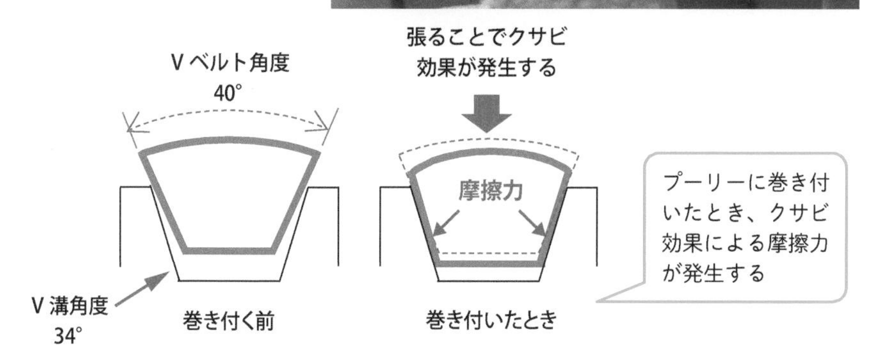
Vベルト角度
40°
張ることでクサビ効果が発生する
摩擦力
プーリーに巻き付いたとき、クサビ効果による摩擦力が発生する
V溝角度
34°
巻き付く前
巻き付いたとき

図3-1-4 **摩擦力を発生させるクサビ効果**

ここがポイント

・ベルトを張ることで、クサビ効果による摩擦力を得る

3-2 VベルトとVプーリーの損傷判断

Vベルトが破断すると、ベルトがモーターや周辺機器に巻き込むほどの災害につながります。トラブルを未然に防ぐためにも、損傷状態と発生原因を突き止めて対策を試みます。

①Vベルトの鳴きは伸びが原因

ベルトが跳ねつきながら回転し、キュルキュルと鳴くことがあります。少しするとこの異音は消えますが、それでも変速時や逆回転させた場合などでも発生します（図3-2-1）。

多くはベルトが伸びて、プーリーとスリップしていることが原因です。ゴム製のベルトは必ず伸びるため、ベルトを張り直すことで解決できます。

2本のベルトが波打つように回転している
スリップ音が発生したらベルト張り直しのサイン
スリップすると、プーリー外周が摩擦で熱くなる

図3-2-1 **起動停止時に発生するVベルトの跳ねつき**

ここがポイント

・スリップしたベルトは熱を帯びて硬化し、やがて破断する
・ベルトが伸びると、ベルトがバタバタと跳ねる

②スリップしたベルトはプーリーも確認する

Vベルトを交換してもベルトの鳴きが止まないときや、月に何度も張り直しが発生しているときは、プーリーV溝の摩耗を疑います。特に、ベルトの頭がプーリーに沈んでいる状態は、すでにV溝角度が広がりクサビ効果が得られていないと判断します（図3-2-2）。

V溝の摩耗チェックには、V溝ゲージを用いて交換時期を判断します（図3-2-3）。

ベルトがかなり
沈み込んでいる
通常、ベルトの頭は
プーリーより高くなる
金属製のプーリーも、ベ
ルトに擦られて摩耗する

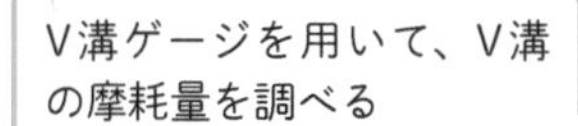

図3-2-2　**プーリーの損傷判断**

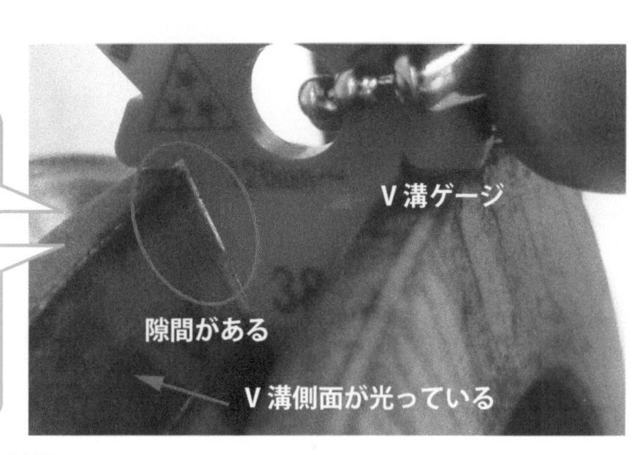
V溝ゲージを用いて、V溝
の摩耗量を調べる
○摩耗限度は隙間が0.8mm
を超えたとき
○伝動効率のためには早期
交換が有効
V溝ゲージ
隙間がある
V溝側面が光っている

図3-2-3　**V溝ゲージによる損傷判断**

ここがポイント

・V溝ゲージを使用する場合は、ベルト背面がプーリー外周より沈んでいる場合に適用するとよい

③ベルトの湿気（溶け）は油の飛沫を疑え

プーリーの防錆剤を除去しよう

ベルトは油に弱いため、工作機械など潤滑油が欠かせない設備では油の飛沫に注意します（図3-2-4）。多本掛けベルトを交換するときは、ベルトの張りを一定にするために、すべてのベルトを交換します。

またベルトの鳴き原因には、プーリーの防錆剤によってスリップすることがあります。

一度回転させると、ベルトにも防錆剤が付着します。そのため、プーリーを交換した際にはしっかり防錆剤を除去しましょう。

ケース内に油が飛び散って黒ずんでいる
溶けたベルト
V BELT A-40
滴下した油によって、上段のベルト（6本掛け）のみ損傷している

図3-2-4 油によるベルトの損傷

ここがポイント

- ゴム製のベルトは油に弱いため、油の飛沫に注意する
- 多本掛けベルトの交換は、損傷問わずすべてのベルトを交換する

プーリーの錆びを確認しよう

プーリーの錆びを放置してはいけません（図3-2-5）。錆びた状態では、ベルトは一部のみ不均一に接触して摩耗します（図3-2-6）。多本掛けでは、ベルトの伸び量にバラツキが発生します。

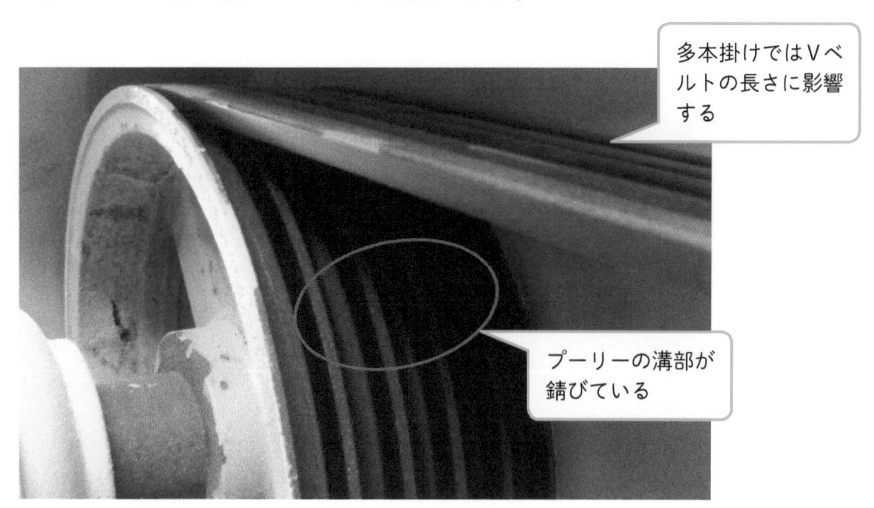
多本掛けではVベルトの長さに影響する
プーリーの溝部が錆びている

図3-2-5 **Vプーリーの錆び**

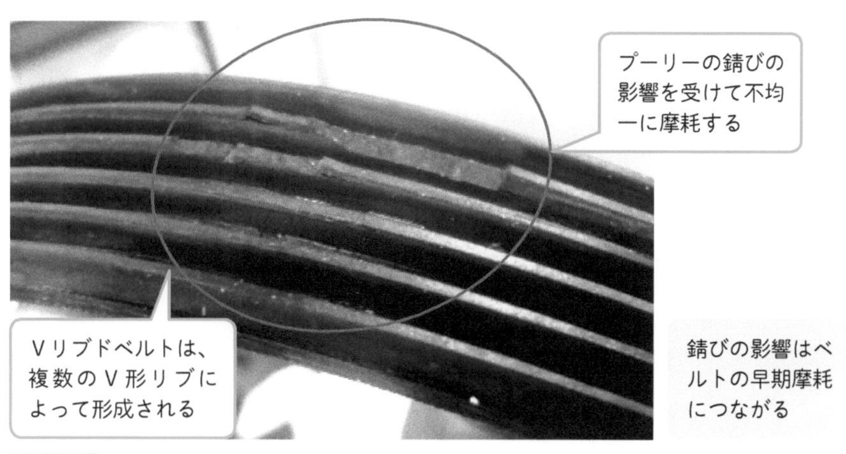
プーリーの錆びの影響を受けて不均一に摩耗する
Vリブドベルトは、複数のV形リブによって形成される
錆びの影響はベルトの早期摩耗につながる

図3-2-6 **プーリーの錆びによる新品ベルトの損傷**

ここがポイント

・Vベルトだけでなく、プーリーの錆びや損傷状態も確認する

3-3 安全なベルトの取り外し作業

回転体などは保護板（カバー）で覆われているため、設備に対する危険性が判断できないことがあります。特に初めて取り扱う設備では、調整作業の際に巻き込み災害が高い確率で発生します。ここでは回転機器のベルト交換作業時の巻き込みの危険性と、ベルトの取り扱いを確認します。

①ベルトの巻き込みに注意せよ

ベルトを握ったまま回転させると、巻き込まれることがあります。ベルトの回転状態を点検するときはプーリーの外側をつかみ、Vベルトの背面を手のひらでゆっくり押し回します。両手でプーリーとベルトを支えて、常にブレーキを利かせやすくしておきます。

片手でベルトを回すことは避けましょう（図3-3-1）。

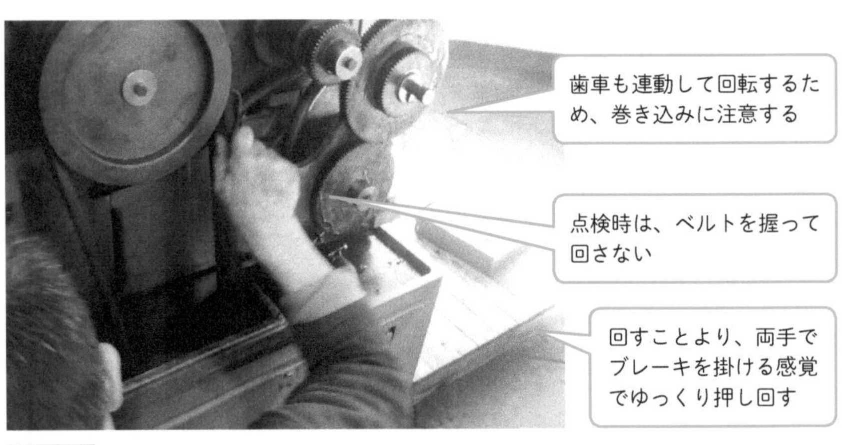
歯車も連動して回転するため、巻き込みに注意する
点検時は、ベルトを握って回さない
回すことより、両手でブレーキを掛ける感覚でゆっくり押し回す

図3-3-1 多発するベルト点検時の巻き込み

◎ ここがポイント

・ベルト周辺の回転体への巻き込みに注意する

②ベルトの取り付けと取り外し

張られたベルトを緩めよう

ベルトが張られた状態では、ベルトを交換することはできません。固定ねじを緩める前に位置決め（マーキング）をしておくことで、どのくらいずらしたかの目安になります（図3-3-2）。張り調整ボルトやテンションローラーがあるときは、先に張りを緩めてから調整作業を行います（図3-3-3）。

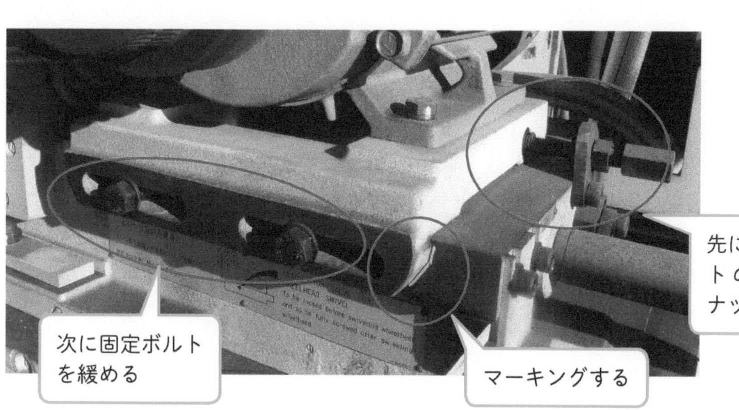
先に調整ボルトのロックナットを外す
次に固定ボルトを緩める
マーキングする

図3-3-2 交換前の分解手順

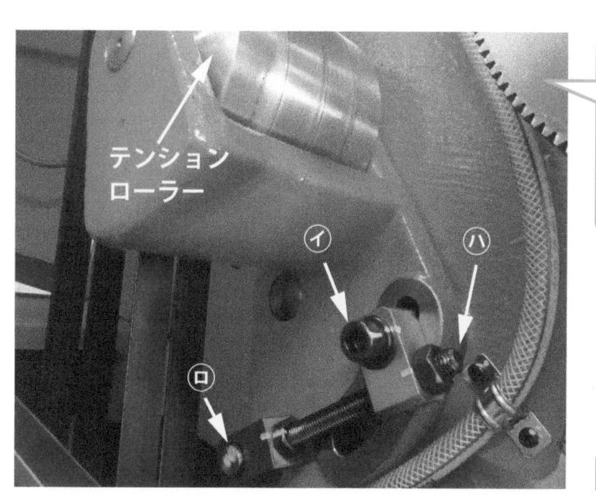
テンションローラー
㋑
㋩
㋺
テンションローラーによるベルトの調圧
1. ㋑を緩める
2. ㋺を固定したまま
㋩を緩める

図3-3-3 交換前の分解手順

ここがポイント

・それぞれのねじの役目（固定用、調整用）を考えてから作業を行うこと

多本掛けベルトを外してみよう

多本掛けベルトはテンションを緩めて、手前のVベルトから取り外します。右手でVベルトを手前に引き寄せながら、左手でプーリーを左回転させて徐々に脱線させていきます。脱線直前で張りがきつくなるため、右手の巻き込まれに注意します（図3-3-4）。

2本目は左側プーリーの1本目の溝に、プーリーを回しながら移します。このときベルトが斜めに掛けられるため、かなりきつくなります（図3-3-5）。

次に右側プーリーのベルトを、1本目の溝に移します。このときもベルトが張られるため、かなりきつくなります（図3-3-6）。

多数本掛けの場合は、
手前の1本目から外す
2本目
1本目
手前に
引き寄せる
回転方向
プーリーが回転し、
指をはさむ！
〈左側プーリー〉

図3-3-4 ベルトの脱線

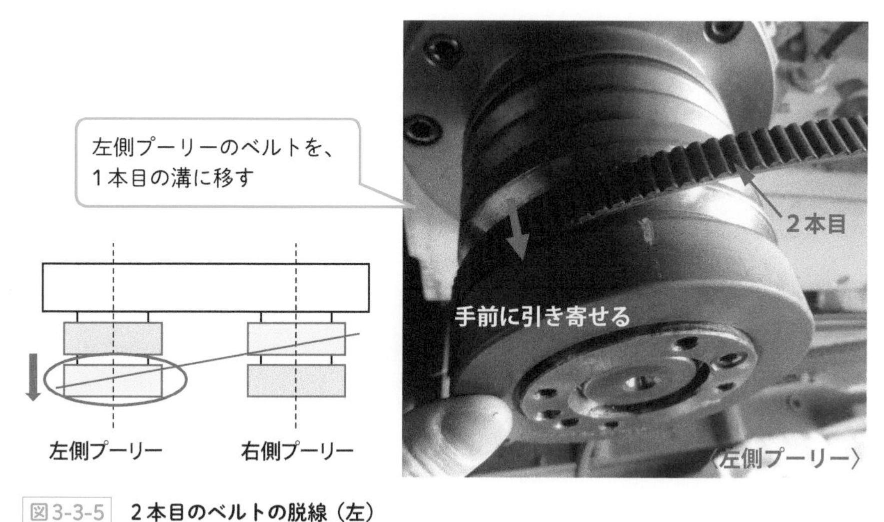
左側プーリーのベルトを、
1本目の溝に移す
2本目
手前に引き寄せる
左側プーリー
右側プーリー
〈左側プーリー〉

図3-3-5 **2本目のベルトの脱線（左）**

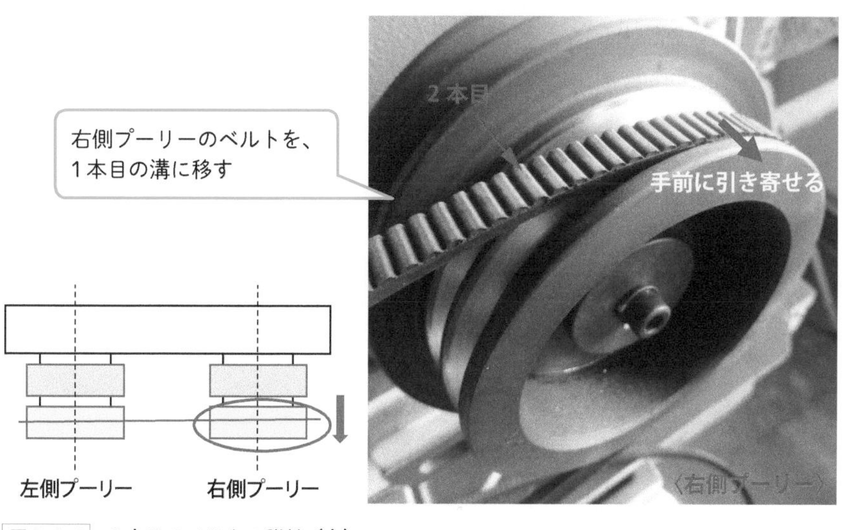
右側プーリーのベルトを、
1本目の溝に移す
2本目
手前に引き寄せる
左側プーリー
右側プーリー
〈右側プーリー〉

図3-3-6 **2本目のベルトの脱線（右）**

ここがポイント

- ベルトの芯線は硬く、カッターなどでは切断しにくい
- 2本目以降のベルトを移動させるとかなりきつくなる
- ベルトをねじりながら取り外すと巻き込まれやすい

3-4 寿命に差が出る Vベルトの張り方

駆動側（モーター）と従動側（プーリー）の芯（平行）が出ていないと、ベルトはねじられた状態で走行します。その結果、ベルトにクサビによる摩擦力が均等に作用せず、寿命にも影響します。そこで、プーリーの芯出し方法を確認します。

①プーリーの芯出し

2軸の平行誤差を見つけ出す

プーリーの平面を利用して、傾き誤差を調べます（図3-4-1）。2軸の距離が狭い場合は、鉄スケール（長尺）のエッジを利用します。機器の配置から基準側、調整側を決めます。

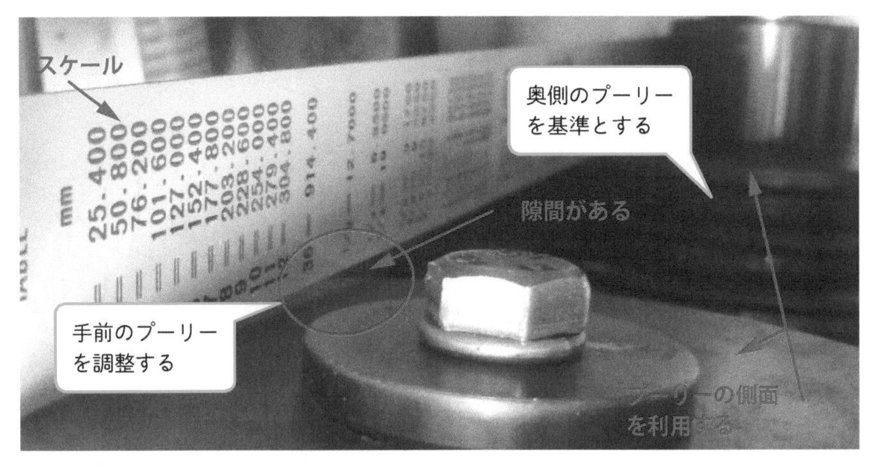
スケール
奥側のプーリーを基準とする
隙間がある
手前のプーリーを調整する
プーリーの側面を利用する

図3-4-1　寿命に差が出る2軸の平行誤差

ここがポイント

・2軸間のプーリー側面の平行を出せないと、ベルトを張ったときに均等に摩擦力が作用しない

プーリー側面の芯出し（平行）のコツ

２軸の距離間隔が広い場合は、水糸を用いて調べます。固定側のプーリー平面に対して、可動させる側の機器（モーター側）のプーリー平面をあらかじめ、約1～1.5mmの隙間が開くようにセットします。

隙間があることで、傾き方向が確認しやすくなります。隙間を確認しながら中心（水平）、斜めに水糸を張り、平行度合いを確認します（図3-4-2）。ベルトを張りながら平行を出すため、根気よく調整を行います。

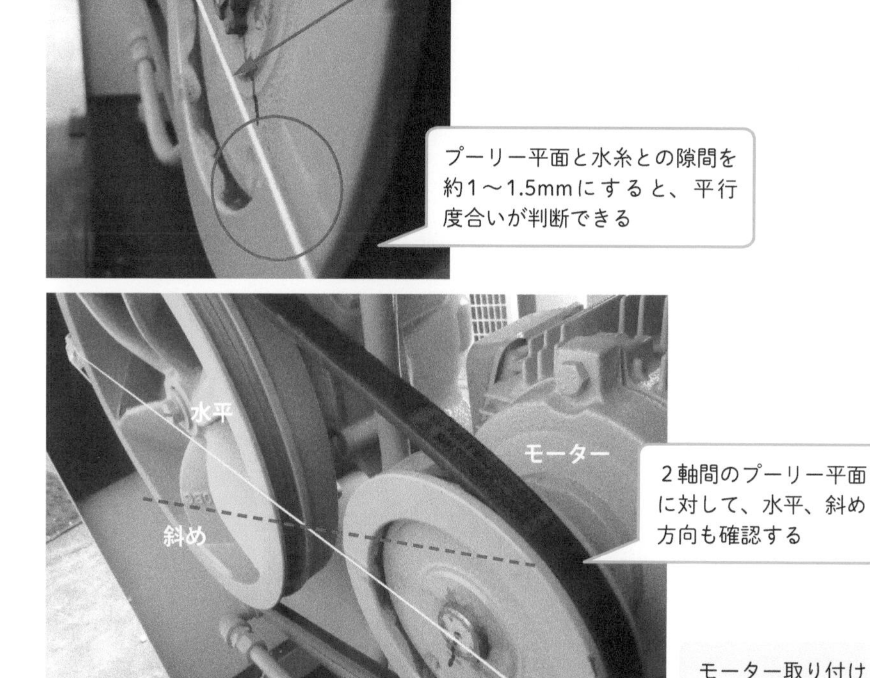
水糸
プーリー平面と水糸との隙間を約1～1.5mmにすると、平行度合いが判断できる
水平
斜め
モーター
2軸間のプーリー平面に対して、水平、斜め方向も確認する
モーター取り付けねじは仮締めにしておき、調整しながら徐々に締める

図3-4-2　**水糸を用いたプーリーの芯出し作業**

②ベルトを巻き込ませるとプーリー（軸）が傾く

Vベルトをプーリーに張ると、どうしてもベルトの張力を受けてプーリー（軸）が傾いてしまいます。特に多本掛けでは、傾きに気づかず位置決めをすると、外側と内側でベルトの張力に差（伸縮の違い）が発生しやすくなります（図3-4-3）。

伸縮の違いによるベルトが混在すると、実際よりも少ない本数で動力を伝達していることになります。設計通りのトルクも十分得られず、スリップが頻発してベルトやプーリーの寿命に影響します。

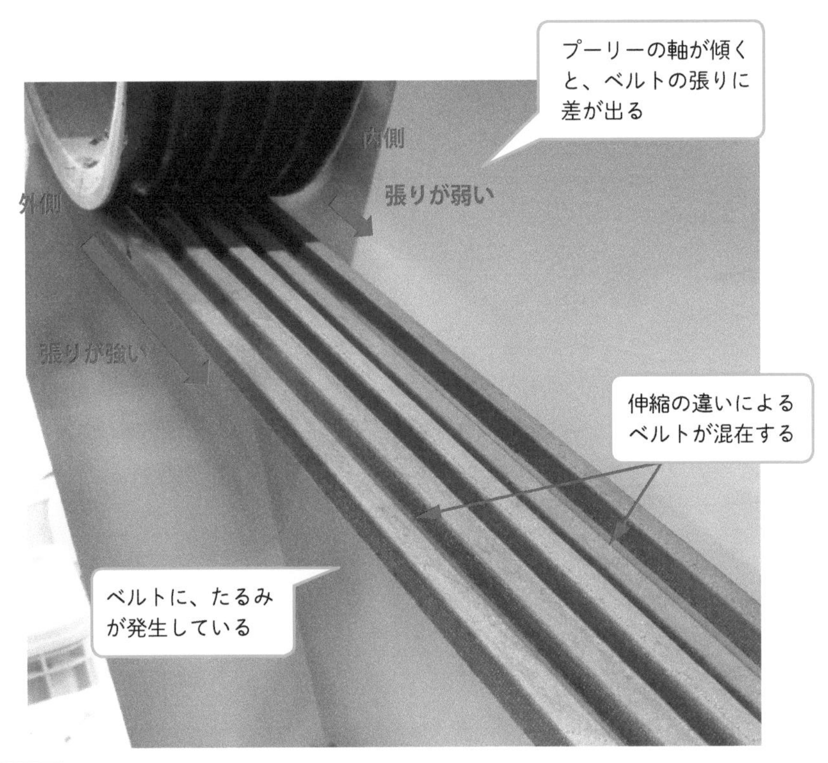
プーリーの軸が傾くと、ベルトの張りに差が出る
内側
外側
張りが弱い
張りが強い
伸縮の違いによるベルトが混在する
ベルトに、たるみが発生している

図3-4-3 伝達トルクの実際

ここがポイント

・多本掛けでは傾きがあると、ベルトの伸びに差が出やすい

芯出しミスによる片減りの影響

ベルトの劣化に差がある場合は芯出しを見直します（図3-4-4）。またプーリーの芯出し精度が低いと、V溝の片側だけ研磨（片減り）された状態をつくり出します（図3-4-5）。定期点検では、ベルトやプーリーの変化を確認しましょう。

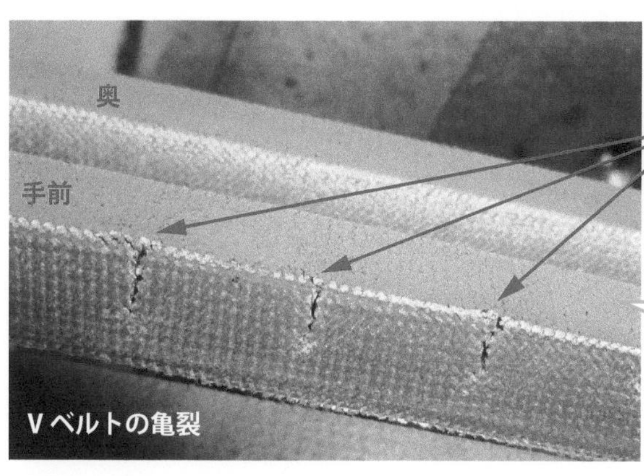
奥
手前
Vベルトの亀裂
手前のベルトのみ、摩擦熱の影響を受けてひび割れ（クラック）が発生している
スリップしたベルトは摩擦熱により、硬化してひび割れが発生する

図3-4-4 ベルトに発生した亀裂

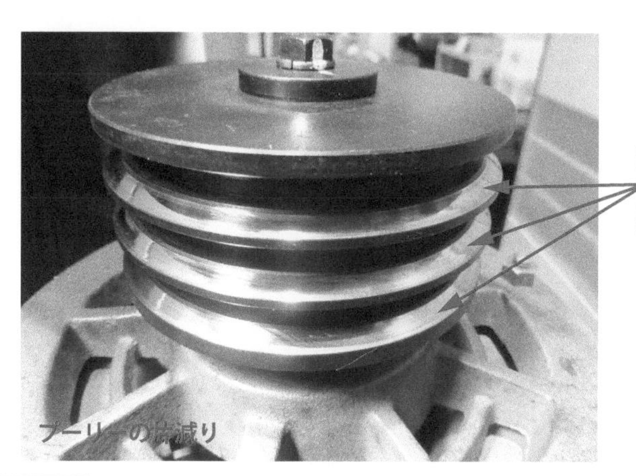
プーリーの片減り
ピカピカに片減りしたVプーリー

図3-4-5 多本掛けプーリーの片減り

ここがポイント

- 芯出しミスは、Vプーリーの片減りやベルト側面に現れる
- 多本掛けではプーリーの外・内側のベルトの伸縮を調べる

3-5 ベルトの試運転と定期的な張り直し

新品ベルトは、製造時の熱により若干縮んで（短くなって）います。しかし、張力を与えて回すことで、徐々に縮みが元に戻ります（初期伸び）。新品ベルトの「初期伸び」に対しては、運転開始の数日後に必ず再調整が必要です。それ以降は数カ月ごとに張り直します。ベルトの適正な張り具合を確認します。

①運転後のベルトの張力を管理する

ベルトはスリップを発生させないように、少しきつめに張る傾向があります（図3-5-1）。しかし、張りすぎると軸を曲げようとする力（オーバーハング）が作用し、軸受の発熱など寿命低下につながります。

ベルトを張ることだけを意識してはダメ
オーバーハングにより軸受が損傷
軸受

図3-5-1 オーバーハングによる軸受寿命の低下

ここがポイント

・ベルトの張りが強いと軸受を損傷させる

②定期点検ではスリップを見逃すな

たわみ量を導こう

現場ではベルトのたるみ量を、ベルトの厚み程度やベルトを90°ひねる程度などとされています。ただし、ベルトのサイズや形式によっても異なります。一度、推奨される規定値に基づいて、適正な張り具合を確認してみることが大切です。

「たわみ量」は、スパンの中央部（Lはスパン長さ）に決められたたわみ荷重を与え、そのときの距離を「たわみ量」とします。（図3-5-2）。

スパンの中央でたわみ量を判断する
張力の程度は人によってさまざま

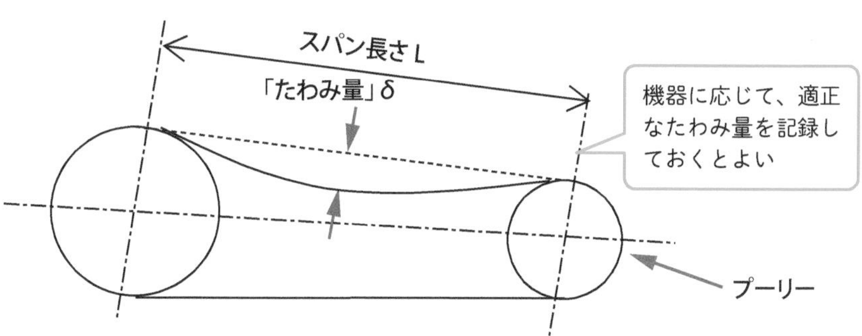
スパン長さL
「たわみ量」δ
機器に応じて、適正なたわみ量を記録しておくとよい
プーリー

たわみ量δ＝0.016L（100mmスパン当り、1.6mmのたわみ量）
スパン長さ（L）500mmでは、たわみ量（δ）は8mmとなる

図3-5-2　規定値によるたわみ量

たわみ荷重を導こう

たわみ荷重は2軸のプーリーのうち、小さい方の外径（直径）で決まります。また、新品時のベルトは初期伸びを考慮して、高めに設定されます。

逆に、運転後のベルト張力は幾分伸びて安定します。これによって、たわみ荷重は低くなるのです（表3-5-1）。

ここで、新品のA形タイプのベルト（小プーリーの直径70mm）を確認します。ベルトの中間点にたわみ荷重（9.8N）を作用させたとき、たわみ量（8mm）が得られるようにベルトの張り調整を行います（図3-5-3）。

特に狭い機器内部では、器具を用いての計測は難しいため、指先の感覚が頼りです。

新品時の方が作用させる荷重が大きい

表3-5-1 作用させるたわみ荷重の違い

Vベルト形	小プーリー外形の範囲（mm）	新品時のたわみ荷重（N/本）	張り直し時のたわみ荷重（N/本）
A	65～80	9.8	7.8
	81～90	11.8	8.8
	91～105	13.7	10.8
	106～	15.7	11.8
B	115～135	17.7	13.7
	136～160	22.6	17.7
	161～	24.5	18.6

（1kgf≒10N）

ここがポイント

・Vプーリーの直径は小さい方の外径（直径）を測定する
・新品時や張り直し時の荷重を確認し、定期的に張り調整を行う

実際のベルトの張り具合はどうでしょうか。規定値に従って調整を試みると「意外と張らないな！」「いつもはかなり張っている！」と感じるはずです。したがって、規定値を把握しておくことは重要です。

このときベルトを厚み分押し込めるのか、ベルトがどのくらいねじることができるのかなどを、感覚的に確認しておくとよいでしょう。

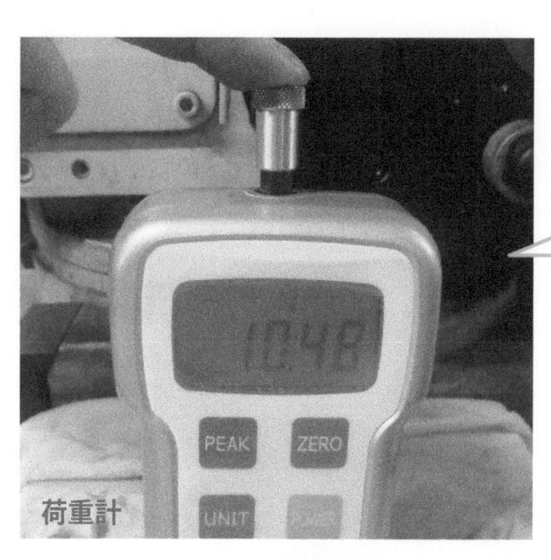
測定器を用いて、
たわみ荷重を確認
しておく
荷重計
10.48
PEAK
ZERO
UNIT

9.8N作用させたときに8mmたわむことを確認する
スケール

図3-5-3 **たわみ量の実際**

ここがポイント

・ベルトをしっかり張った状態で、たわみ荷重とたわみ量を確認する

3-6 チェーンのたるみを判断して異常振動を改善せよ

ベルトは伸びますが、金属製のチェーンは伸びません。また、油を差していれば長持ちすると考えてはいけません。交換せずに使用し続けると、チェーンも伸びて破断します。

災害を防ぐためには、正しい取り扱いと定期的なメンテナンスが不可欠です。チェーンとスプロケットによる動力伝達の特徴を確認します。

①チェーンが使用されるところ

金属製のチェーンは、ゴム製のベルトに比べて高い動力伝達が可能です。また、チェーンはスプロケットの歯形に確実に噛み合うため、一定のピッチ間隔でスリップを起こさずに低速動作が可能です（図3-6-1）。フォークリフトをはじめ、さまざまな業種で多用されています。

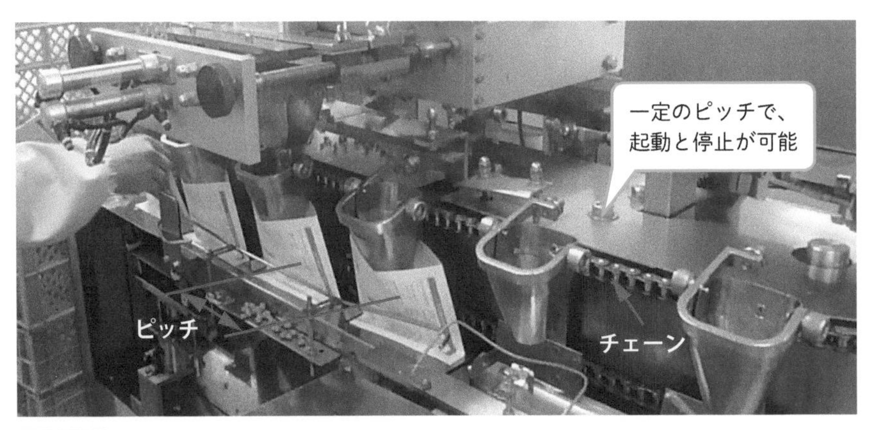
一定のピッチで、
起動と停止が可能
ピッチ
チェーン

図3-6-1 **チェーン駆動によるピッチ搬送**

ここがポイント

・チェーン駆動方式はチェーンに給油が必要
・ベルト駆動より騒音が大きくなる

②形式から長さを読み取る

チェーンの構成

図3-6-2にチェーンの構成部品を、図3-6-3にそのサイズの違いを示します。チェーンの端をつなぎ合わせる場合は専用のクリップを用い、走行の向き（回転方向）を確認してはめ合わせるのです。

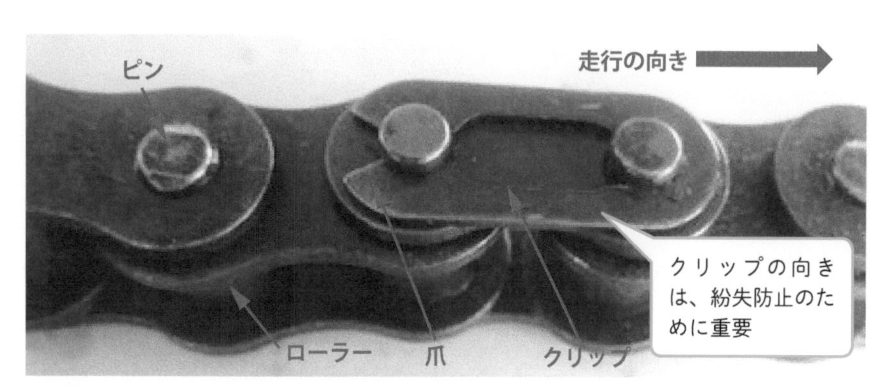
ピン
走行の向き
クリップの向きは、紛失防止のために重要
ローラー
爪
クリップ

図3-6-2　チェーンを構成する金属部品

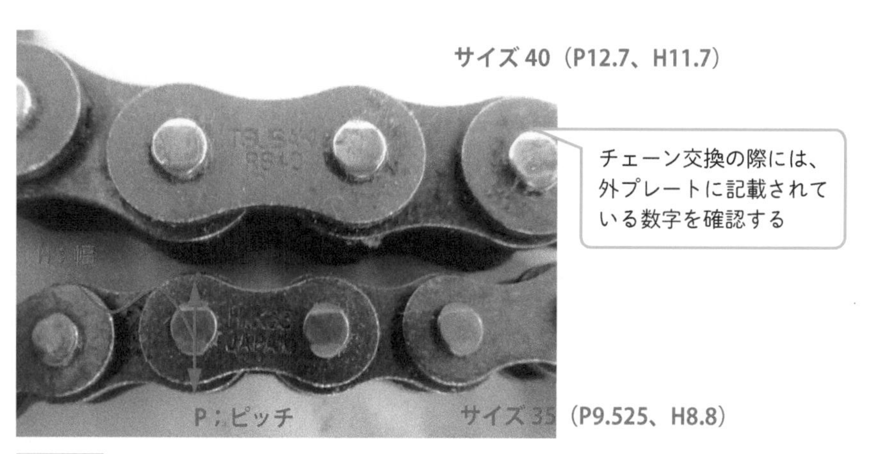
サイズ40（P12.7、H11.7）
チェーン交換の際には、外プレートに記載されている数字を確認する
P：ピッチ
サイズ35（P9.525、H8.8）

図3-6-3　チェーンのサイズ違い

ここがポイント

・クリップの向きは、ピンから外れたときの紛失防止のために重要
・チェーンのサイズに合わせて、スプロケットも同じ形式で合わせる

チェーンの長さ調整は自由

ゴム製のベルトは環状で販売されているため、長さを選定した後は変更できません。一方、チェーンは内リンクと外リンクが組み合わされているため、後から長さ調整が可能です。

取り付け時などでチェーンが長い場合は、チェーンカッターを用いて長さを調整します（図3-6-4）。手持ちの工具で抜き取ると、リンク部の変形や損傷が発生しやすくなるため注意が必要です。

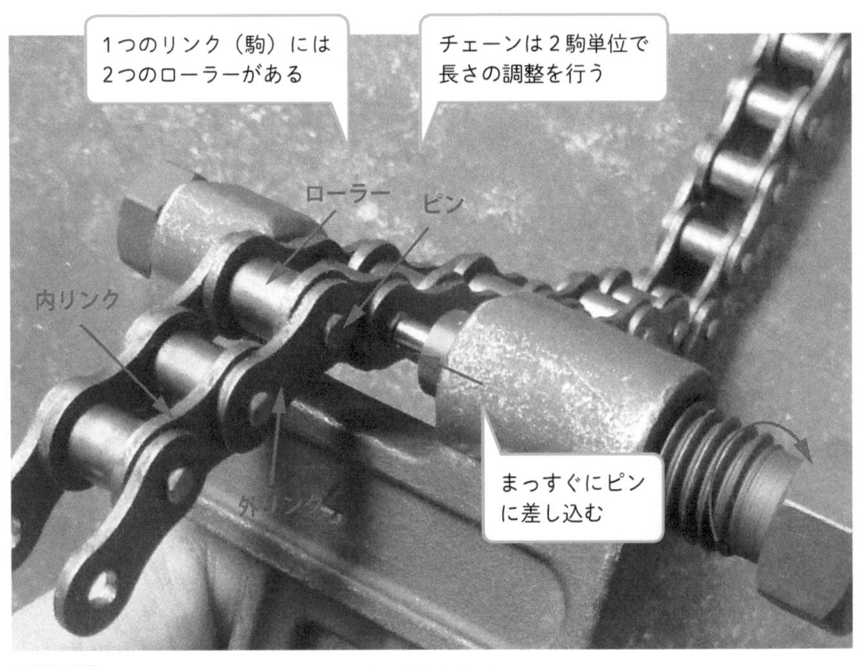

1つのリンク（駒）には
2つのローラーがある
チェーンは2駒単位で
長さの調整を行う
ローラー
ピン
内リンク
外リンク
まっすぐにピンに差し込む

図3-6-4　**チェーンカッターを用いてピンを打ち抜く**

ここがポイント

・専用工具を用いてピンを抜き取り、チェーンの損傷を防ぐ

③チェーンはたるませることで機能を発揮する

Vベルトは張りますが、チェーンはスプロケットの歯に噛み合いながら伝動されるために、張る必要はありません。

チェーン駆動では、たるみなく「パンッ！」と張った状態にしておくと危険です（図3-6-5）。急激な負荷が発生したときに、リンクをつなぐピンが損傷を受けて破断に至ります。高速回転中にチェーンが破断すると勢いよく弾き、設備にも影響を与えかねません。急激な張りを、「たるみで吸収」させることがチェーンの要です。

チェーンを張りすぎるとモーターの焼損や、軸受摩耗に影響する
スプロケット
「パンッ！」と張った状態は衝撃に耐えられない

図3-6-5　**チェーンの張りすぎは禁物**

ここがポイント

・チェーンの金属製による耐久性を過信してはいけない
・チェーンの「たるみ」は急激な負荷を吸収するために必要

3-7 チェーンとスプロケットの損傷判断

チェーンを交換することがあっても、スプロケットの交換は少ないようです。しかしチェーンと同様に、スプロケットの歯先にも負荷が蓄積されるため、交換が必要です。それぞれの損傷状態を確認します。

①チェーンの伸びは潤滑不足が原因

チェーンの摩耗と伸び

チェーンは注油を怠ると、ピンとローラー内部のブシュが摩耗して隙間が広がります。これがチェーンの伸びとして現れます（図3-7-1）。新品と比較すると、4リンク離れただけで摩耗量として現れます。

チェーンが伸びた状態を放置しておくとチェーンが跳ねつき、脱落や騒音を引き起こします。また、スプロケットへの過度の巻き込みにより、ピッチ誤差が発生します。定期的な注油を欠かさないようにすべきです。

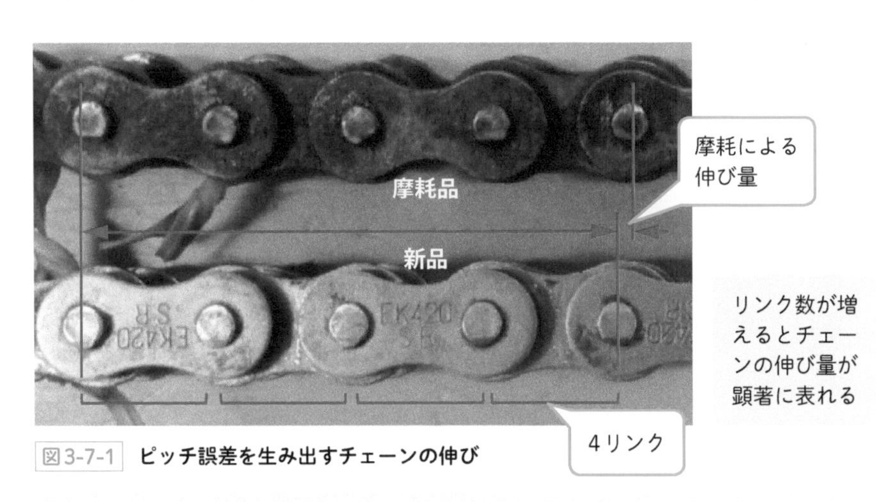
摩耗品
新品
摩耗による伸び量
リンク数が増えるとチェーンの伸び量が顕著に表れる
4リンク

図3-7-1 ピッチ誤差を生み出すチェーンの伸び

ここがポイント

・チェーンは、新品と比較すると摩耗状況がよくわかる

チェーンの簡易的な寿命判断

通常、ピンの向きは平行にプレス（カシメ）処理されます。ピンの向きを確認し、回っているときは摩耗が発生したと判断できます（図3-7-2）。特に過大な負荷や潤滑不足（図3-7-3）によっては、ピンの回転がチェーン全体に広がります。

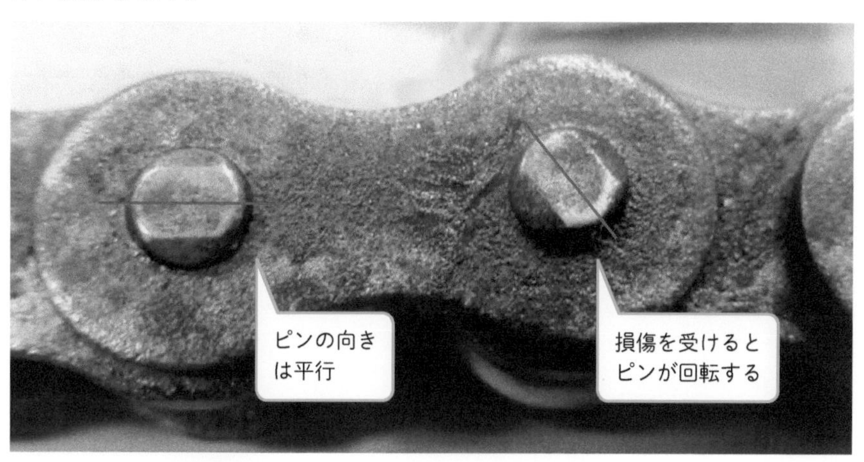
ピンの向きは平行
損傷を受けるとピンが回転する

図3-7-2 **ピンの損傷判断**

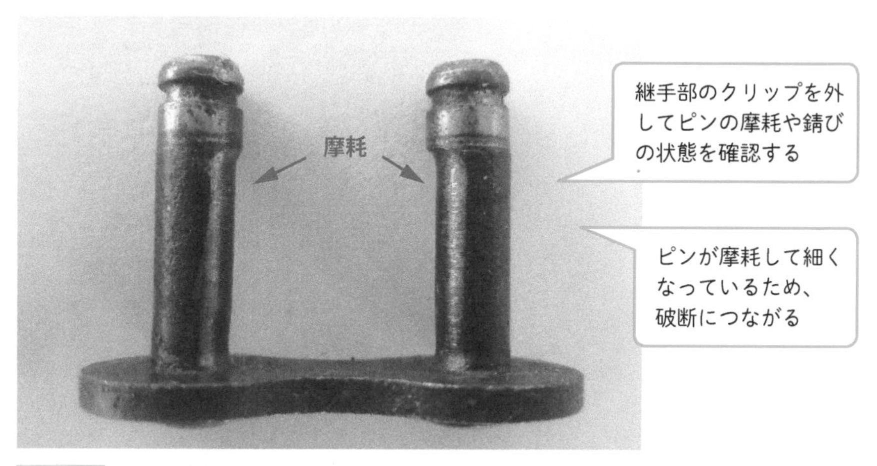
摩耗
継手部のクリップを外してピンの摩耗や錆びの状態を確認する
ピンが摩耗して細くなっているため、破断につながる

図3-7-3 **ピンの摩耗限界**

ここがポイント

・ピンの回転を見つけ、チェーンを新品に取り換える

②スプロケットの損傷原因

スプロケットの歯形を確認しよう

チェーンが伸びたときは、スプロケットの点検も同時に行います。スプロケットの歯形は、先端から根元にかけて太く形成されています（図3-7-4)。正常な状態を把握して、定期点検時の摩耗判断につなげます。

スプロケットは使用箇所に応じて、歯部に焼入れ処理されたものがあります。歯面の表面硬度を上げることで耐摩耗性を向上させているため、スプロケットを交換する際は、焼入れの有無や材質を確認します。

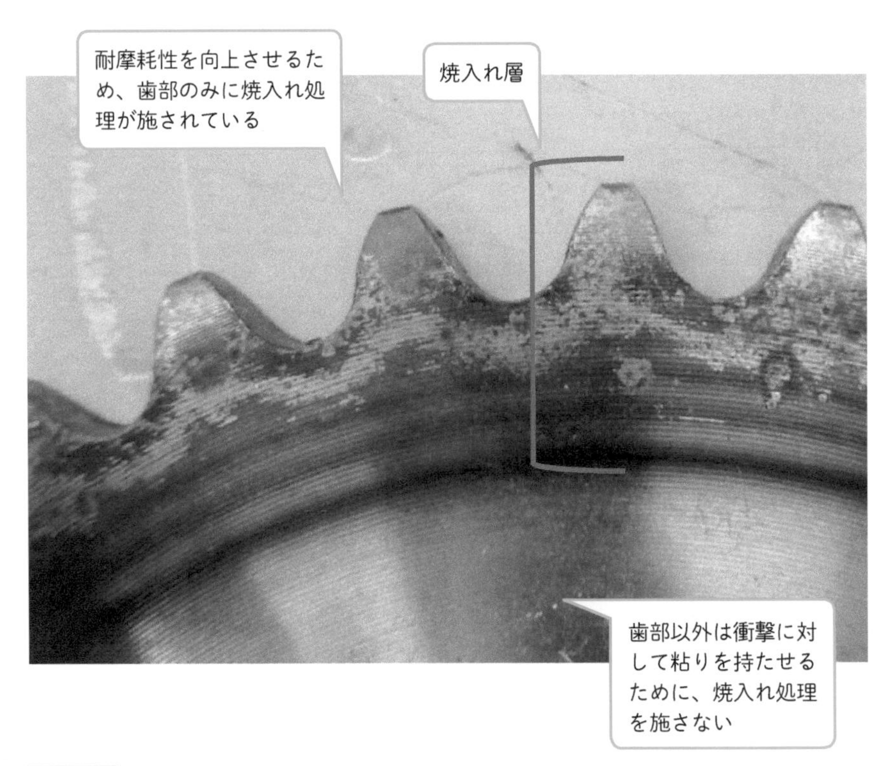
耐摩耗性を向上させるため、歯部のみに焼入れ処理が施されている
焼入れ層
歯部以外は衝撃に対して粘りを持たせるために、焼入れ処理を施さない

図3-7-4 **スプロケットの歯先形状**

スプロケットの損傷状態を判断しよう

チェーン駆動部周辺に金属粉が飛沫しているときは、チェーンとスプロケットが削られたためと考えられます（図3-7-5）。摩耗が進行したスプロケットは、一方向に回転する場合は「三日月形」となり、歯形が反り返るように削られます。

また歯欠けの原因は、スプロケット取り付け時の芯出しミスが考えられます。スプロケットを交換する際は損傷状態を確認しましょう。

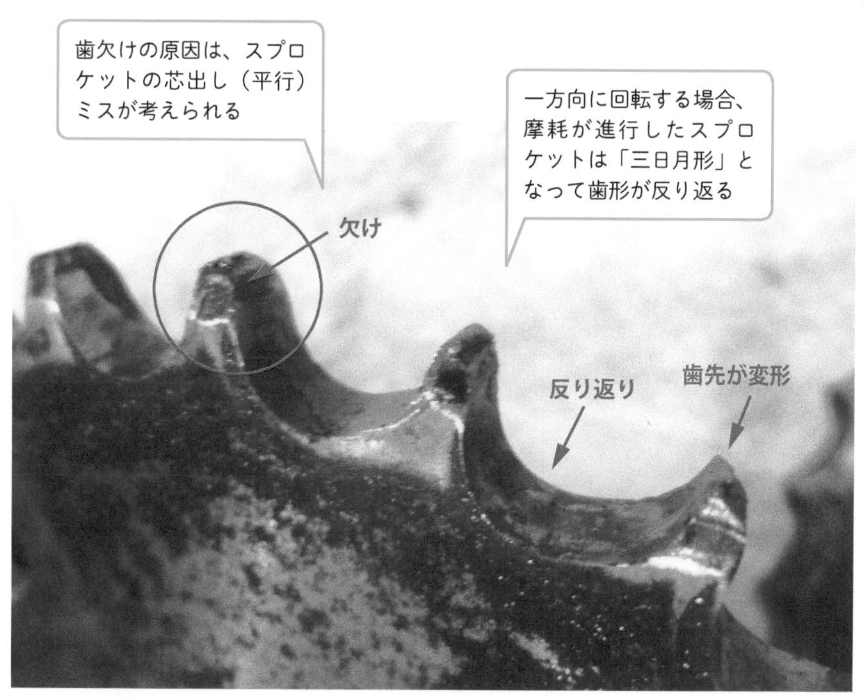
歯欠けの原因は、スプロケットの芯出し（平行）ミスが考えられる
一方向に回転する場合、摩耗が進行したスプロケットは「三日月形」となって歯形が反り返る
欠け
反り返り
歯先が変形

図3-7-5　頻発するスプロケットの歯先損傷

ここがポイント

・スプロケットの交換を怠ると、新品のチェーンの寿命低下を招く
・チェーンだけでなく、スプロケットの損傷を見極めて交換する

3-8 安全な分解作業のポイント

点検時などで、チェーンやスプロケットに巻き込まれる災害が発生しています。特に持ち合わせの工具で無理にチェーンの脱着を行うと、チェーンが跳ねてケガをすることがあります。チェーンを安全に取り外す方法を確認します。

①チェーンの巻き込みは指を切断する

チェーンには油が塗布されているため、手袋着用による作業も多く見受けられます。スプロケットの歯先に手袋が引っ掛かると、スプロケットのサイズによってはそのまま歯溝に指が入り込む恐れがあります（図3-8-1）。電源を確実に遮断して作業を行うことが必須です。

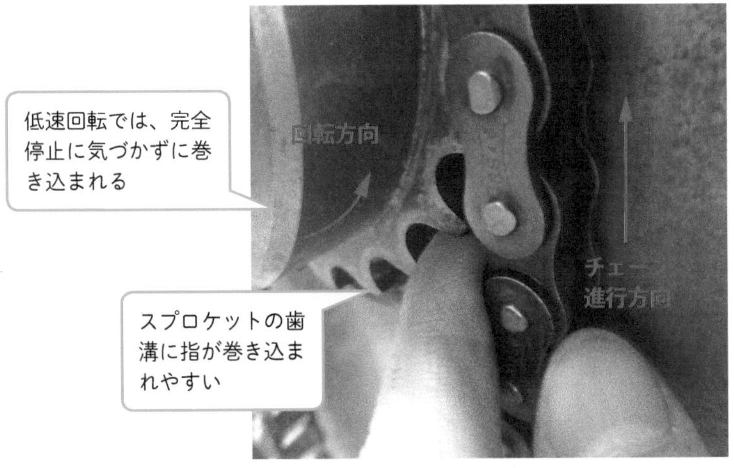
低速回転では、完全停止に気づかずに巻き込まれる
回転方向
進行方向
スプロケットの歯溝に指が巻き込まれやすい

図3-8-1　スプロケットへの巻き込み災害

ここがポイント

- 電源を切った後も惰性によって回り続ける
- スプロケットの歯部への引っ掛かり、巻き込みに注意する

②駒を上手に外す

チェーンを交換するには、チェーン両端末の駒（リンク）を連結させているクリップを取り外します。クリップの曲げやピンに傷をつけると、はまりにくくなります。

運転中にチェーンに負荷が作用したときに、継手プレートが脱落してチェーンが暴れると大変です。ラジオペンチなどを用いて無理に脱着せずに、専用工具（クリップ脱着用）を活用しましょう（図3-8-2）。

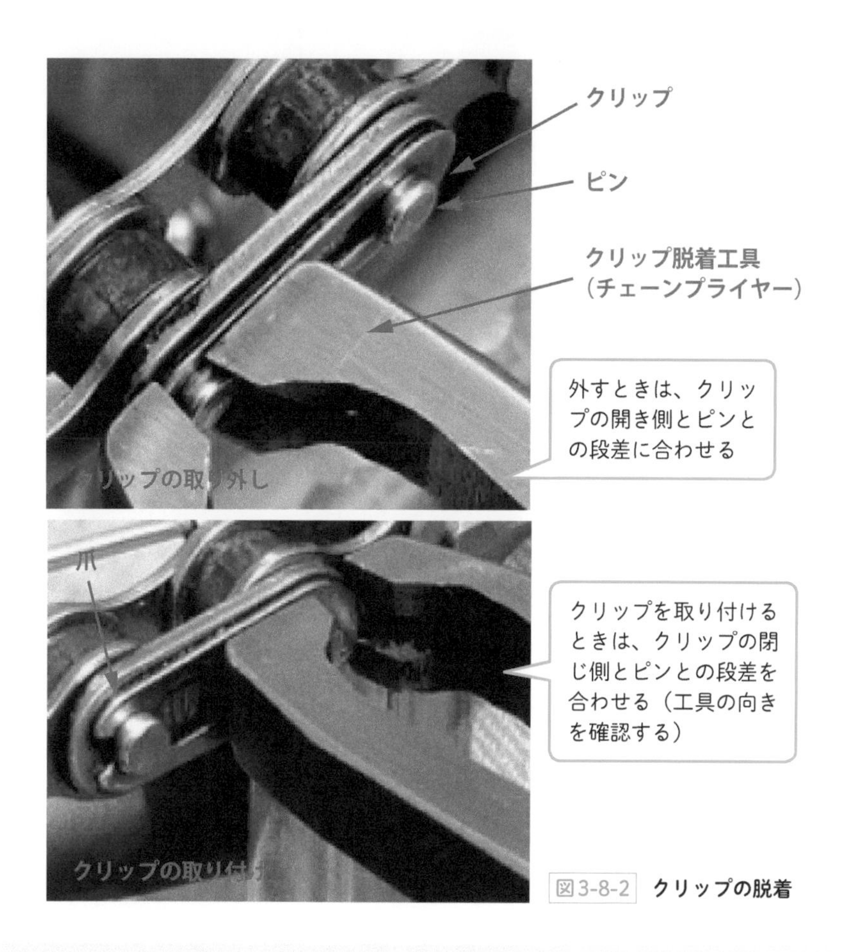
クリップ
ピン
クリップ脱着工具
（チェーンプライヤー）
外すときは、クリップの開き側とピンとの段差に合わせる
クリップの取り外し
爪
クリップを取り付けるときは、クリップの閉じ側とピンとの段差を合わせる（工具の向きを確認する）

図3-8-2　クリップの脱着

ここがポイント

・ラジオペンチなどの脱着ではクリップの変形を点検する

駒を連結させた状態で脱着しよう

狭い機械装置内でのクリップ脱着作業では、駒（リンク）を外した際にスプロケットが回転して、その重みでチェーンがほかの機器に絡まり、作業者がケガをすることがあります。より安全に作業を行うには、チェーンの両端を引き寄せる工具（チェーンプーラー）を活用します（図3-8-3）。

専用工具がない場合は、スプロケットの頂点に継手プレート（ジョイント）を合わせた状態で脱着を行います。継手プレートを外しても、駒がスプロケットにかみ合わさった状態での脱着が可能です。

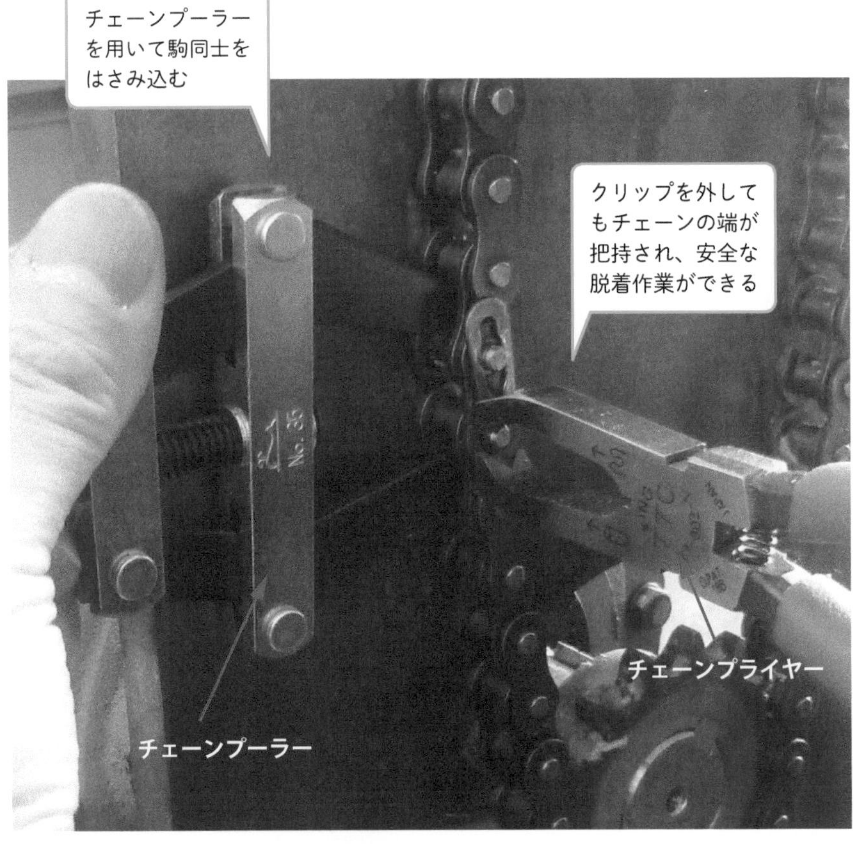
チェーンプーラーを用いて駒同士をはさみ込む
クリップを外してもチェーンの端が把持され、安全な脱着作業ができる
チェーンプライヤー
チェーンプーラー

図3-8-3 専用工具によるチェーンの脱着

継手プレート（ジョイント）の連結を再確認しよう

チェーンをつなげた箇所を馴染ませるために、チェーンと継手プレート（ジョイント）は握って縦横に振り、動きを滑らかにします（図3-8-4）。作業がしやすいように、チェーンのたるみを大きくしておきます。

チェーンをつなげた箇所を縦横に振る
継手プレートを馴染ませて動きを良くさせる
チェーンプーラーがなければ、スプロケットの頂点で脱着を行う

図3-8-4　**連結部を馴染ませて破断を防ぐ**

ここがポイント

- 狭い機械装置内でのクリップ脱着作業では、駒の外れに注意する
- チェーンの両端を引き寄せる工具（チェーンプーラー）を活用する
- 新しいチェーンにはあらかじめオイルがついてるが、定期的に注油する

3-9 チェーンのうまい張り方と定期点検

チェーン伝動では、Vベルト伝動のように初期張力を与える必要はありません。しかし、チェーンを新しく交換したときや、張り直すために軸芯を調整させた場合には芯出しが欠かせません。芯出し方法と適正なたわみ量を確認します。

①スプロケットの芯出し

スプロケットの平面合わせを確実に

芯出しは直尺を用いてスプロケットの平面に当て、軸の傾きとスプロケット平面の突き出し量を合わせます（図3-9-1）。

スプロケット
直尺
スプロケットの平面に直尺を当てて、芯出しを行う
3GN25K
om
om

図3-9-1 軸の傾きとスプロケットの平行出し

ここがポイント

- 調整しやすい機器を決めて、軸の傾きとスプロケットの突き出し量を調整する
- チェーンを交換した後は、各リンクを馴染ませるためにインチング（ON/OFF）動作を繰り返す

スプロケットの芯出しが悪いとどうなる？

スプロケットの芯出し（取り付け精度）が悪ければ、チェーンは傾いた状態で取り付けられ、ねじられるように走行します。チェーンを交換した際には、スプロケットの損傷状態を点検します。歯溝部が偏って削られているようであれば、芯出し状態の確認が必要です（図3-9-2）。

スプロケットの芯出しを再調整する
スプロケットの歯溝部すべてに異常摩耗が発生している

図3-9-2 **歯溝部の損傷判断**

ここがポイント

・チェーンとスプロケットとの当たり具合を点検し、噛み合い状況を判断する

②チェーンの張り調整

チェーン駆動では上部のチェーンが緩むと、スプロケットに絡みやすくなります。このため上部のチェーンを張り側にして、下部を緩み側（たるみ）として用いるのが一般的です（図3-9-3）。チェーンのたるみ量は、たるみ側の中央を手で直角方向に動かして判断します。

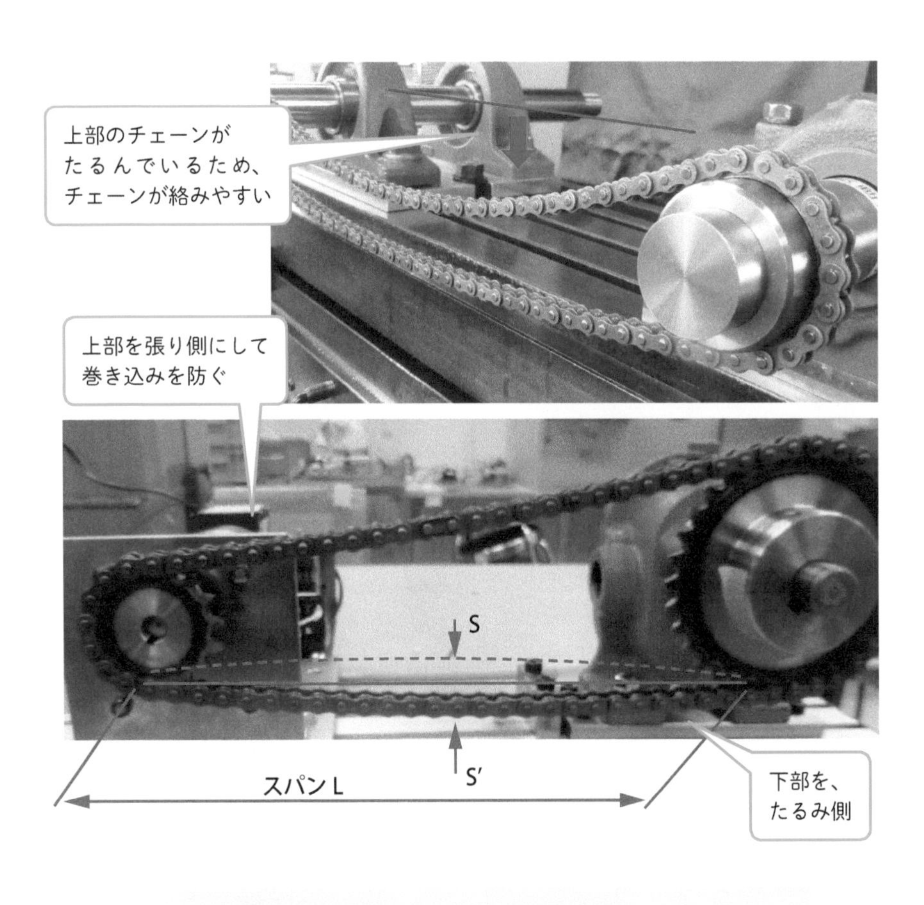
上部のチェーンがたるんでいるため、チェーンが絡みやすい
上部を張り側にして巻き込みを防ぐ
S
S'
スパンL
下部を、たるみ側
たるみ量（S〜S'）はスパン（L）の約4％程度
スパン長さ（L）250mmでは、約10mmのたわみ量（S〜S'）
＊250×0.04＝10

図3-9-3 **チェーンの張り具合**

チェーン交換時期の目安

騒音や振動が気になりだしたら、チェーンの伸びを確認しましょう。スプロケット頂点にかかっているチェーンを指でつまみ、歯先が見えたらチェーンが伸びている証拠です（図3-9-4）。ピンの回転やスプロケット歯形状態を確認し、チェーンを張るべきか交換すべきかを判断しましょう。

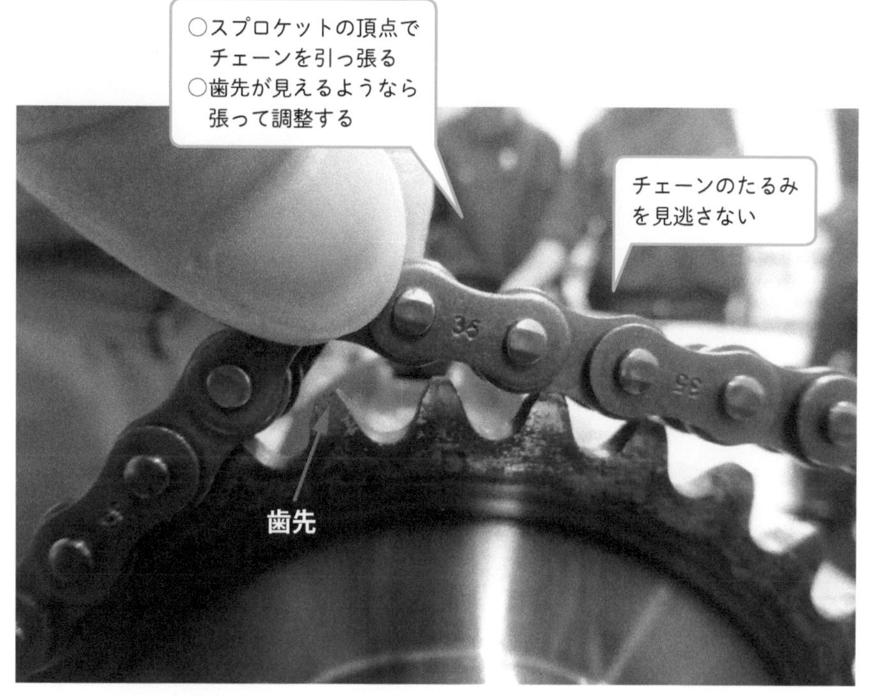
○スプロケットの頂点でチェーンを引っ張る
○歯先が見えるようなら張って調整する
チェーンのたるみを見逃さない
歯先
35
35

図3-9-4　**歯先が見えたチェーンは伸びを疑う**

ここがポイント

- チェーンは上部を張り側、下部を緩み側（たるみ）にする
- 垂直に近い取り付けでは、伸びたチェーンは下側のスプロケットから離れやすくなるため、張りを少しきつくする（2%程度）
- 規定値に張っても、スプロケットに絡まるなどして騒音が大きいときは、チェーンまたはスプロケットの寿命を判断する

3-10 チェーンの試運転と定期的な張り直し

チェーンの寿命を延ばすには、使い始めてから50時間前後（使用条件によって変わる）でたるみ具合を調整します。なお、潤滑の仕方が悪いと、摩耗の影響は避けられません。定期的な張り直しとチェーンへの適正な潤滑方法を確認します。

①運転後のチェーンの張力を管理する

水平に取り付けられたチェーンは、たるみを抑制するため少しきつめに張ります（図3-10-1）。特に、たるみの状態は真上からでは判断し難いため、側面などあらゆる角度からたるみを点検します（図3-10-2）。チェーンの自重を受けて、スプロケット側面に偏摩耗が起きやすくなるため、定期点検では歯の摩耗状態を確認します（図3-10-3）。

水平取り付けでは
スプロケットの偏
摩耗を点検する

図3-10-1 水平取り付けによるチェーンの張り具合

ここがポイント

- 初期伸び後、伸びは緩やかに進行する
- 水平取り付けでは少しきつめに張り、自重によるたるみを防ぐ

水平取り付けでは、
チェーンのたるみは
側面から確認する
自重による偏摩耗が
発生しやすい

図3-10-2　**チェーンの自重によるたるみ**

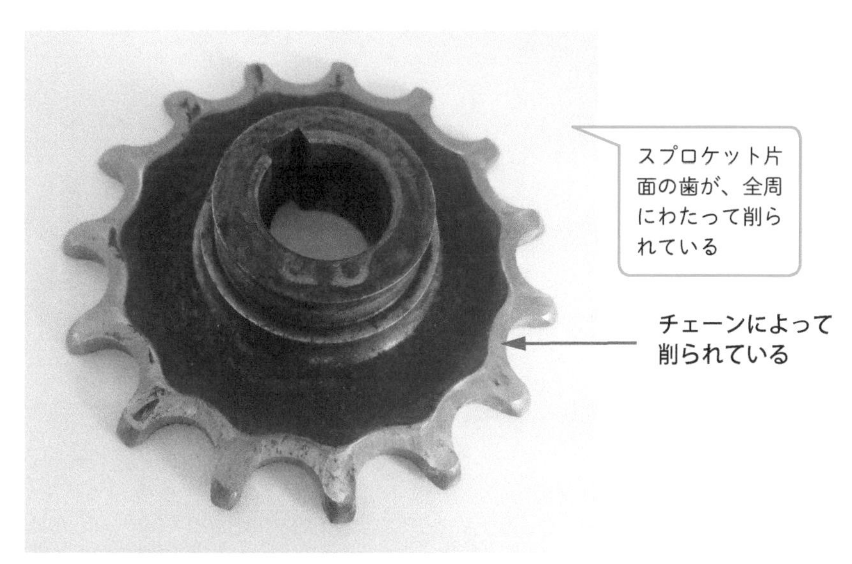
スプロケット片
面の歯が、全周
にわたって削ら
れている
チェーンによって
削られている

図3-10-3　**偏摩耗によるスプロケットの損傷**

ここがポイント

・水平取り付けでは、たるみを真上と側面の２方向から確認する

②回転速度の違いによる跳ね上がりに注意せよ

チェーンへの給油の仕方が悪いと、一つひとつの駒が不均一に摩耗して伸びます（偏伸び）。偏伸びが発生すると、チェーンの屈曲不良やスプロケットの歯形の損傷を引き起こします。

1駒（リンク）当たりの摩耗量がわずかでも、チェーンが長くなれば摩耗量が積み重なります。定期点検でチェーンの張り具合を調整しても、変速時や起動停止時などで跳ね上がりやスプロケットに絡むようであれば、チェーンを交換すべきです（図3-10-4）。

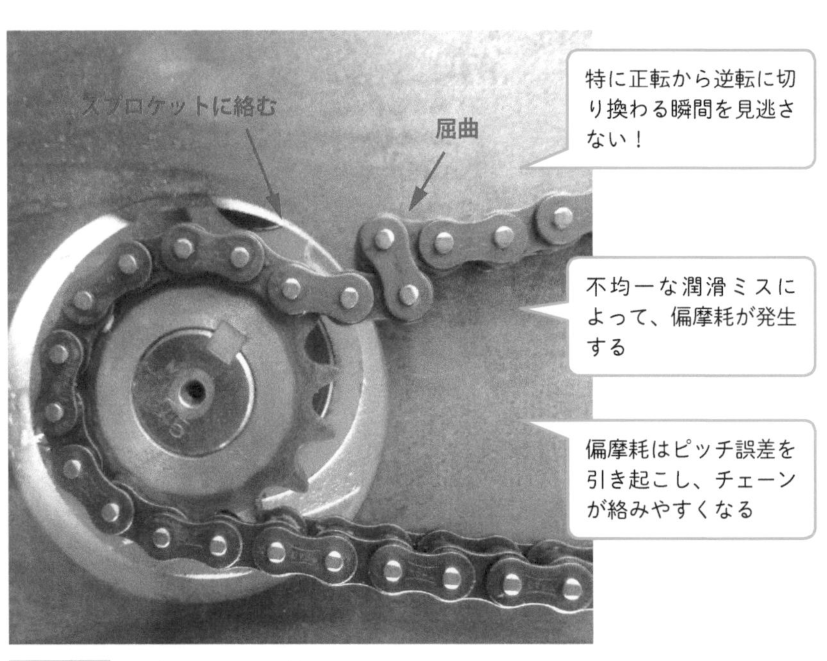
スプロケットに絡む
屈曲
特に正転から逆転に切り換わる瞬間を見逃さない！
不均一な潤滑ミスによって、偏摩耗が発生する
偏摩耗はピッチ誤差を引き起こし、チェーンが絡みやすくなる

図3-10-4　**スプロケットへの絡みつき**

ここがポイント

- チェーンの伸びが大きすぎると、たるみを調整しても円滑な動きを期待できない
- チェーンに均一な給油を行い、偏伸びを防ぐ

チェーンへの給油は的確に！

チェーンへの給油をローラーに吹きつけても、潤滑効果は期待できません。チェーン偏伸びを防ぐには、可動部への給油を意識して浸透させます（図3-10-5）。

特に「ローラーと内プレート間」、「内プレートと外プレート間」などに給油することで、チェーンの寿命を延ばすことにつながります。

また、オイルの塗りすぎは表面にホコリやゴミが溜まり、動きが悪くなる原因になります。ウエスでチェーンの表面を軽く拭き取ります。また、チェーンを洗浄した場合は、十分な給油を行うとよいでしょう。

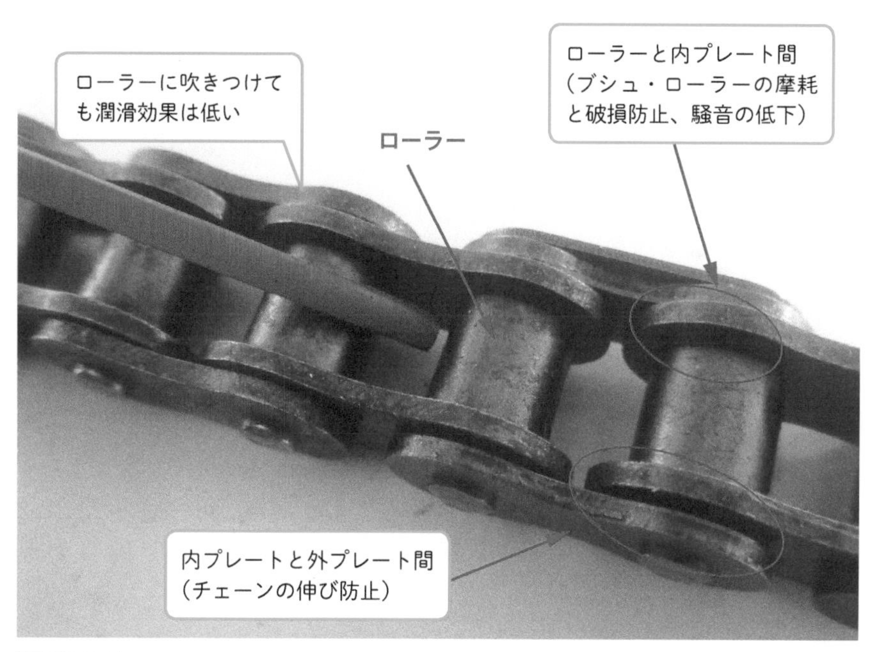
ローラーに吹きつけても潤滑効果は低い
ローラー
ローラーと内プレート間（ブシュ・ローラーの摩耗と破損防止、騒音の低下）
内プレートと外プレート間（チェーンの伸び防止）

図3-10-5　**チェーンはピンポイントで給油する**

ここがポイント

- チェーンの偏伸びを防ぐには、可動部への給油を意識する
- 給油周期は8時間程度ごと（1日1回）に行う

Column 1

一緒に機械設備を診よう

設備は常に負荷の影響を受けます。そのため設備トラブルに振り回されて、なかなか教育する機会が設けられません。保全教育の方法にはいくつかありますが、損傷などによって交換した部品を教材に活用しない手はありません。

機械式リミットスイッチの損傷を例にすると、接点部のローラーが折損や摩耗している場合は、作業時の過負荷やによる摩耗を疑います。ハンドルを切り換えても反応しないときは、内部の接点破断（経年劣化）が原因です。この情報をもとに話を進めると、「スイッチや接点」「部品交換や調整技術」などに、徐々に興味を示し始めます。実は「機能を知らずに部品交換作業を行っていた」ことや、「この方法で正しいのだろうか？」など不安を抱えながら作業を行っていたことに気づくのです。

早くひとり立ちさせたいと考えるのであれば、「見て覚えろ！」ではなく、「工具の取り扱い方」や「作業手順や準備」など若手保全担当者と対話しながら、作業に取り組むことが有効です。一緒に保全作業を行うことで、いつでもサポートしてくれるという安心につながります。そして、何が理解できなかったかを知ることができます。設備トラブルの情報交換、設備への対応を見直すきっかけにしたいものです。

第4章

回転性能に影響する軸と要素部品の取り外し作業

回転軸が特定の場所で止まりやすいときは、軸受ユニット内部で「かじり」が発生しています。かじりは、その後の寿命に影響するため、軸受やOリングの交換が必要です。軸受が損傷する原因がグリス給油不足であれば、注油方法の見直しにつなげます。

軸受ユニットによっては、軸まわり部品を取り外さなければならず、少し厄介な作業になります。交換の際に軸受やキーの損傷が発生しやすいところや、部品取り付け時の調整方法について解説します。

4-1 要素部品の役目と点検ポイント

設備は常に負荷を受け、初期の頃に比べれば、騒音や振動として不具合が現れやすくなります。過去に交換した箇所や、交換頻度の多いところは特に点検が必要です。

しかし、異音が発生しても何が原因か、すぐに交換が必要かが判断できずに見過ごしてしまいます。手当たり次第に調整や分解をすると、いじり壊しにつながります。まずは設備の構成を把握し、負荷が発生しやすい場所を確認します。

①動力伝達経路と機器の構成を確認しよう

図4-1-1に示すモーター駆動システムをもとに、機器の点検箇所や損傷原

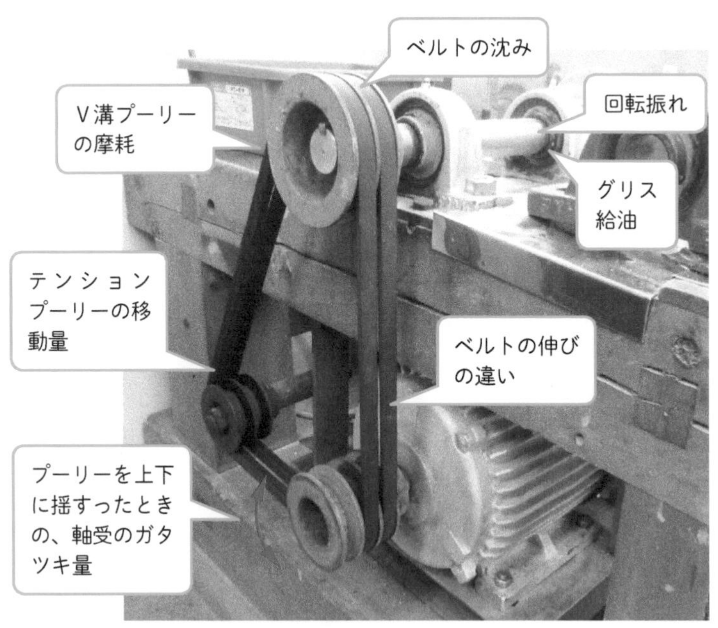
ベルトの沈み
V溝プーリーの摩耗
回転振れ
グリス給油
テンションプーリーの移動量
ベルトの伸びの違い
プーリーを上下に揺すったときの、軸受のガタツキ量

図4-1-1 モーター駆動システムの点検

因につながるポイントを見つけ出します。

プーリーのV溝が光っているため、ベルトはスリップします（図4-1-2）。スリップ対策としてテンションプーリーを調整（張る）すると、軸を曲げようとする力（オーバーハング）が発生します。その結果、軸受は過大な負荷を受けて焼き付くことで、回転停止に至ります（図4-1-3）。

オーバーハングで軸受に過大な負荷が発生すると、プーリー軸中心が熱くなる
ベルトがスリップすると、プーリー外周が熱くなる

図4-1-2　Vベルトとプーリーの点検

新品
負荷による変色
モーター軸受の焼付き損傷

図4-1-3　軸受の損傷

ここがポイント

- 稼働停止後、プーリー外周が熱いときはスリップを疑う
- 軸中心が熱いときは軸受損傷につながる

②回転振れを検出しよう

振動や異音も、日常と変わらなければ異常を判断できません。また、軸がうまく回っているため、機器の損傷を見落としてしまいます（図4-1-4）。

軸受損傷の原因はさまざまです。図4-1-5に示す軸受ユニットの締結ねじの緩みや、図4-1-6に見られる錆びなどを放置すると、ガタツキによって振動が発生し、軸受の損傷に至ります。

回転部の多くは、巻き込みを防ぐために保護カバーで覆われています。定期点検では保護カバーを取り外して、給油状態も確認しましょう。

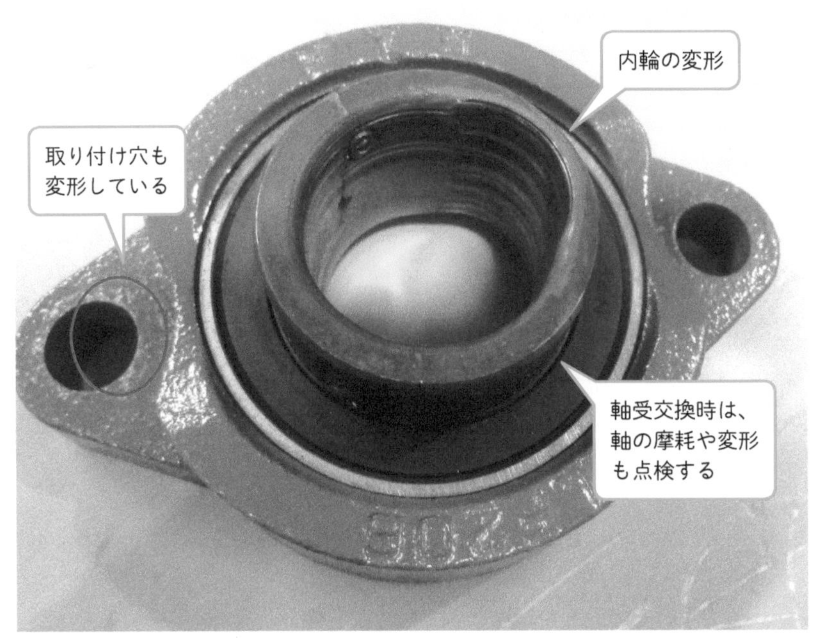
内輪の変形
取り付け穴も変形している
軸受交換時は、軸の摩耗や変形も点検する

図4-1-4　**軸受ユニット内輪の損傷**

ここがポイント

・軸の振れは、軸受に過大な負荷として影響する
・定期点検では軸受の固定状態（錆びの除去）や給油を実施する

ねじが緩むと、上下方向に振動が発生するのが特徴
ねじの緩みが発生
軸受ユニット取り付け面は、十分な剛性を持っていること

図4-1-5 **締結ねじの緩み**

軸受損傷を防ぐため、グリスの定期給油は欠かせない
錆びの影響で締結が緩む
送風機などは高温多湿環境のため、錆びが発生しやすい
錆びや埃が堆積

図4-1-6 **軸受ユニットの使用環境**

4-2 分解前に締結状態を判断せよ

機器の点検で異常を発見したら、すぐに分解してはいけません。軸と軸受は、適度な「はめ合い」状態で組み付けられています。そのため上手に外さないと、損傷原因をつかむことができません。はめ合いによる損傷状態を確認します。

①組立精度ははめ合いが関係している

プーリーや軸受は、使用条件によってはめ合い公差が異なります。はめ合い公差には「隙間ばめ」と「しまりばめ」があります。

「隙間ばめ」は取り付けし難い長い軸や、軸を引き抜く作業が多い工程などで適用されます。しかし、隙間の程度が大きいとスリップを起こします（図4-2-1）。

給油されていないため、グリスが黒く変色している
隙間が大きく、軸と軸受内輪の回転が一致していない

図4-2-1
はめ合い公差の影響

ここがポイント
グリスの変色は軸受内部の損傷が考えられる

軸と軸受内輪との隙間による円周方向のスリップを、クリープと呼びます（クリープ現象）（図4-2-2）。クリープは局所的な発熱が起きるため、軸や軸受内輪を摩耗させるだけでなく、焼き付いて軸が外れなくなります（図4-2-3）。軸受を交換する際は、軸の摩耗状態とはめ合い寸法を確認することが必要です。

円周方向に
振動する
内輪が摩耗
している

図4-2-2　クリープによる損傷

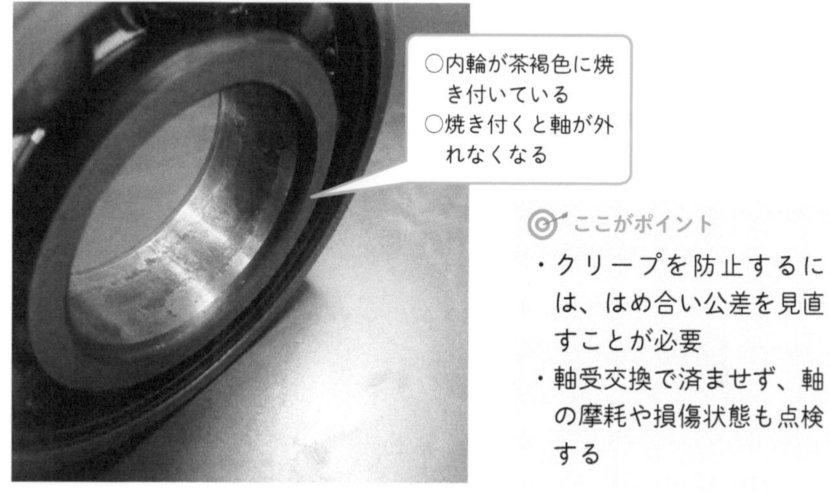
○内輪が茶褐色に焼き付いている
○焼き付くと軸が外れなくなる

図4-2-3　クリープによる軸受内輪の焼付き

ここがポイント

- クリープを防止するには、はめ合い公差を見直すことが必要
- 軸受交換で済ませず、軸の摩耗や損傷状態も点検する

②分解前の位置合わせを忘れるな

分解前の軸受の位置を確認しよう

軸受のはめ合いは、使用条件によって異なります。特に歯車を支える軸などは、過負荷に十分耐えるために「しまりばめ」が適用されます。

取り付けるときは、軸受の挿入位置が重要です。「しまりばめ」では挿入位置がずれると、軸受の損傷や歯車の歯先損傷につながります（図4-2-4）。

分解するときには、軸受挿入位置と軸端面からの距離や、スペーサー（カラー）などの部品はどの位置に配置されているかなどを確認してから、取り外すようにしましょう。

歯車の歯先欠損
歯車と軸受との間にスペーサー（軸間調整リング）を確認する
軸受挿入時の端面突き出し量を確認する

図4-2-4 軸受の挿入位置ズレによる歯車欠損

ここがポイント

- 一般的に軸が回転する場合は「しまりばめ」が適用される
- スペーサー（カラー）などで軸受挿入位置が調整される

分解後のクリープ現象を確認しよう

軸受を外したときは、軸受内輪の模様を確認します。「しまりばめ」で設計していたにもかかわらず、図4-2-5に示す内輪に等間隔の模様が確認できる場合は、クリープ（すべり）が発生したと判断します。

軸の表面性状（粗さ）や寸法公差を確認し、新品の軸受と交換します。

軸受内輪
円周方向に縞
模様が発生

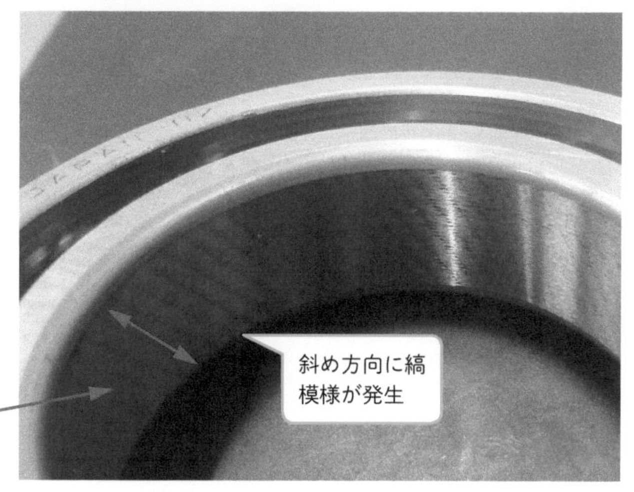
斜め方向に縞
模様が発生
軸受内輪

図4-2-5 クリープによる軸受内輪の縞模様

4-3 軸とプーリーを取り外す際の注意点

軸から部品を外すときは、引っ掛かり具合を覚えておくことが必要です。「しまりばめ」ではギヤプーラーを使用しないと、取り外すことができません。機器の取り扱い方法と注意点を確認します。

①軸とのはめ合い状態を感じ取れ

軸から部品を引き抜く際は、手で抜けるかを確認します。20 μ m（0.02mm）の「すきまばめ」であれば可能です（図4-3-1）。

取り付けでは、挿入初めに引っ掛かると（かじる）まったく入らなくなります。手で引き抜けたのであれば、挿入時にハンマーの使用は避けます。根本付近まで挿入したら、最後に軽くハンマーなどで打ち込みます。

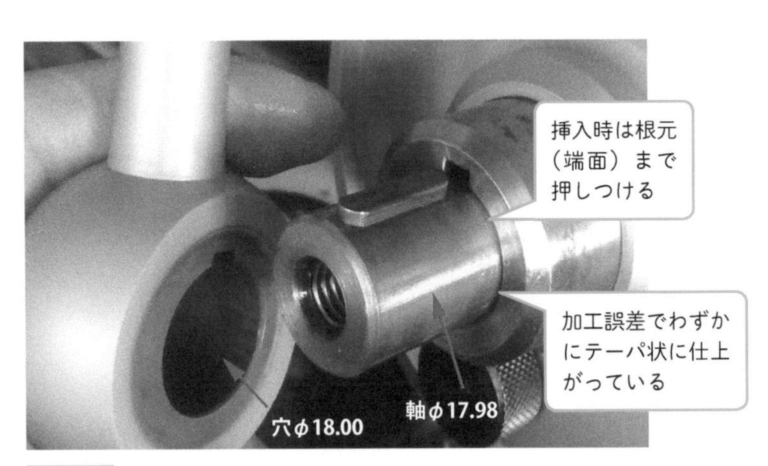
挿入時は根元（端面）まで押しつける
加工誤差でわずかにテーパ状に仕上がっている
軸φ17.98
穴φ18.00

図4-3-1 「すきまばめ」によるはめ合い

ここがポイント

- 手で外せたら、途中までは手で挿入させる
- 初めからハンマーなどで叩いて挿入することは避ける

②引き抜き器具（プーラー）を用いる場合は「しまりばめ」と判断せよ

ギヤプーラーのサイズを確認しよう

ギヤプーラーには、爪の数（2爪・3爪）やサイズの違いがあります。また機種によっては、サイズに応じてねじの太さと形状が異なります（図4-3-2）。

小さいタイプではメートルねじ、大きいタイプでは台形ねじが使用されています。確実にトルクを与えなければプーラーの損傷につながります。取り扱いやすさなどで選ばないようにすべきです。

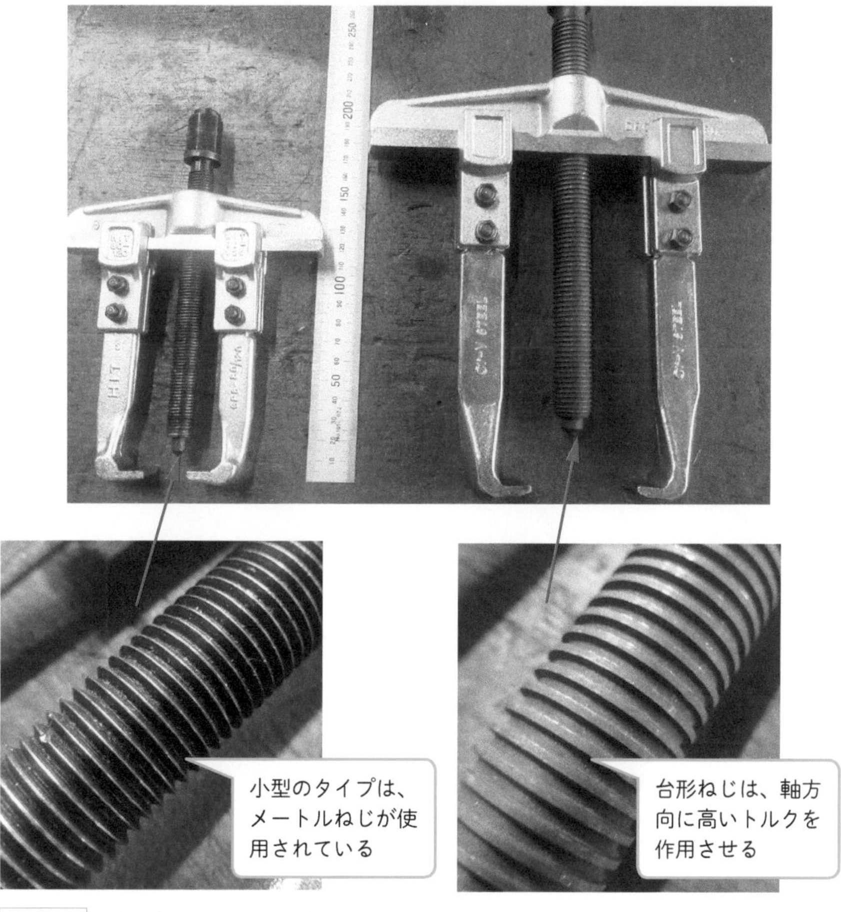
小型のタイプは、メートルねじが使用されている
台形ねじは、軸方向に高いトルクを作用させる

図4-3-2 ギヤプーラーのサイズと使用するねじの違い

ギヤプーラー使用上の注意点

ギヤプーラーの掛け方が悪いとバランスを崩し、均等に力を掛けることができません。仮締め状態でフランジにしっかり爪を掛けたら、左右に振って外れないことを確認します（図4-3-3）。

爪の固定が終われば、メガネレンチもしくはラチェットレンチなどを用いて締め込むことで、部品を引き抜くことができます。ギヤプーラーでなければ外せない場合は、「しまりばめ」になっているためベアリングヒーターが欠かせません。作業を行う前に、機材を準備しておくとよいでしょう。

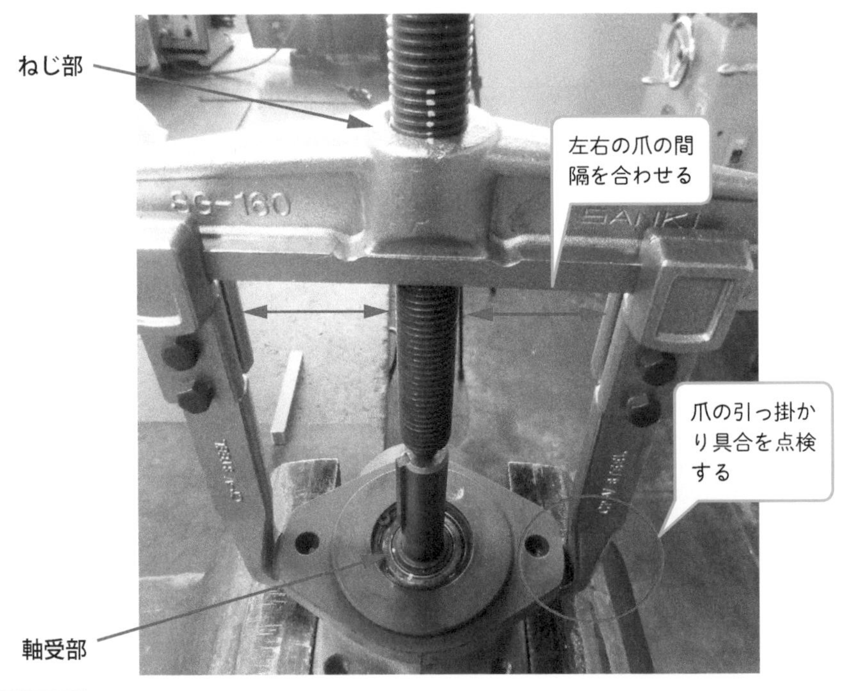
ねじ部
左右の爪の間隔を合わせる
爪の引っ掛かり具合を点検する
軸受部

図4-3-3 ギヤプーラーの取り付け具合

ここがポイント

・分解時に引き抜ける力を判断し、再組立が可能かを判断するギヤプーラーを用いても、なかなか抜けない場合があります。引き抜き状況を確認するために、ねじ部と軸受部に印をつけます（図4-3-4、図4-3-5）。

無理に締め込むとギヤプーラーのねじ部が伸びて、プーラー自体が使いものにならなくなります。プーラーのハンドルを1回転しても、印に変化がなければ作業を中断します。専用の油圧機器を用いなければ、外れないことがあります。

ねじ部に印をつけて、引き抜き状況を確認する

図4-3-4
ねじ部の引き抜き状況

大きなギヤプーラーを使えば絶対外せるとは限らない！
軸受部に印をつけて引き抜き状況を確認する

図4-3-5
軸受部の引き抜き状況

4-4　キーの変形を見逃すな

キーは回転軸に固定させて、プーリーや歯車などに動力を伝達させる機械要素部品です。キーのサイズ（規格）は旧JISと新JISでは異なるため、損傷した場合はサイズの確認が重要です。

①キーの損傷は軸とプーリーに影響する

キーは歯車の取り付け位置に配置されます（図4-4-1）。キーを確認するには軸受を引き抜き、次いで歯車を引き抜かなくてはなりません。軸受や歯車も「しまりばめ」が適用されているため、これらの機械要素部品を適切に取り外さなければキーにたどり着きません。

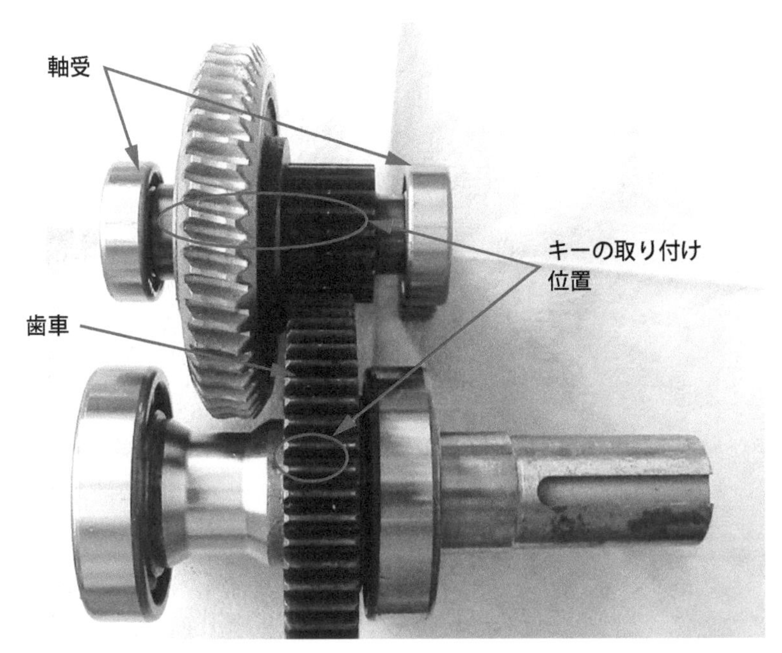

軸受
キーの取り付け
位置
歯車

図4-4-1　キーの取り付け位置

②キーの点検箇所

キーによる動力伝達は、キーの面圧（側面）で行われます。歯車などの負荷に耐える場合には、軸とキーの取り付け公差には「しまりばめ」が採用されます。

プーリーや歯車などを外した際には、キーを点検します（図4-4-2）。キーの側面状態が良ければ、軸からキーを無理に外す必要はありません。

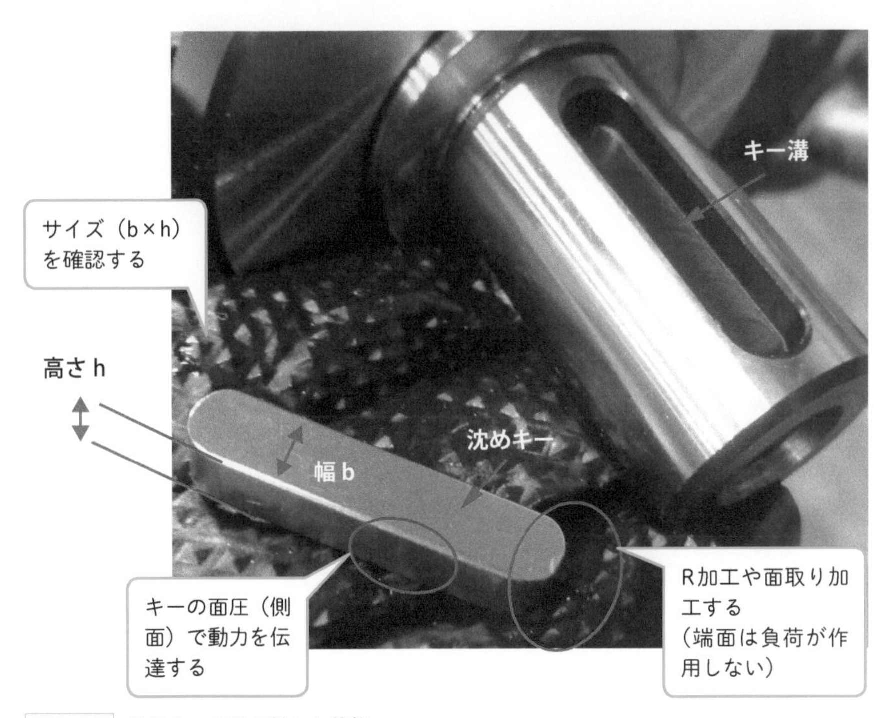
キー溝
サイズ（b×h）
を確認する
高さ h
沈めキー
幅 b
キーの面圧（側
面）で動力を伝
達する
R加工や面取り加
工する
（端面は負荷が作
用しない）

図4-4-2　沈めキーを取り外した状態

ここがポイント

・キー寸法を確認し、新旧JIS規格と対応比較する
・キーの側面を点検し、状態が良ければ無理に外さない
・油圧などによる専用器具を用いないと脱着できないものがある

過負荷による損傷を確認しよう

図4-4-3に見られるキーの面圧（側面）に発生する亀裂と、図4-4-4に紹介したキー溝を点検します。歯車やプーリーなど、軸とはめ合わせる機械要素側をボスと呼びます。キーが損傷すると、軸とボスも損傷を受けます（図4-4-5）。

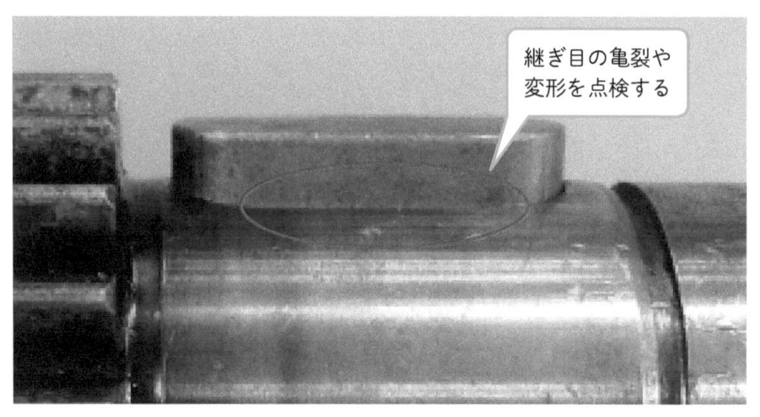
継ぎ目の亀裂や
変形を点検する

図4-4-3　**キー側面の点検**

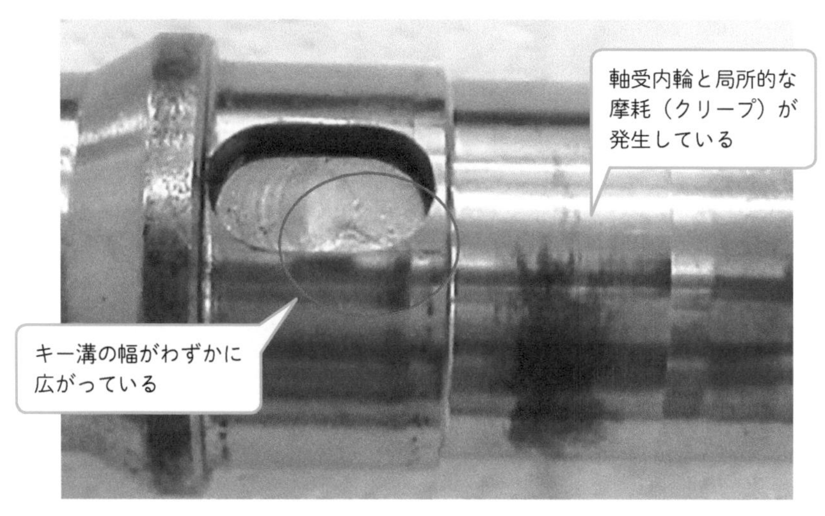
軸受内輪と局所的な
摩耗（クリープ）が
発生している
キー溝の幅がわずかに
広がっている

図4-4-4　**キー溝の点検と軸の損傷状態**

亀裂や傷が生じていなければ、キーのせん断や軸のねじり強度にも問題はありません。キーを取り外した際は、キー側面の傷を砥石で除去します（図4-4-6）。

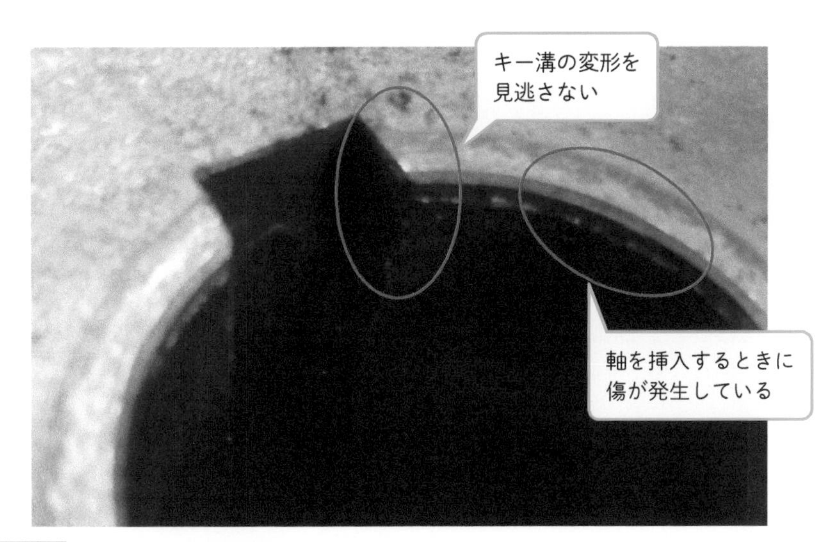
キー溝の変形を
見逃さない
軸を挿入するときに
傷が発生している

図4-4-5　**ボスの点検と損傷状態**

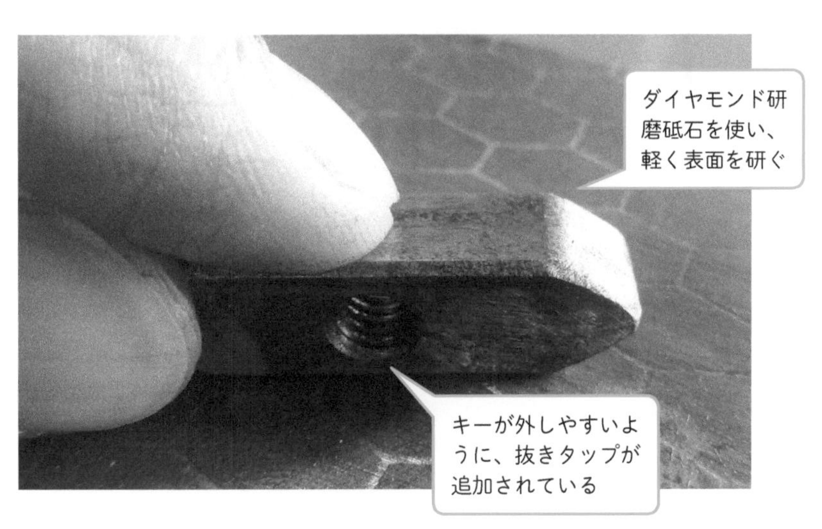
ダイヤモンド研
磨砥石を使い、
軽く表面を研ぐ
キーが外しやすいよ
うに、抜きタップが
追加されている

図4-4-6　**キー側面の研磨**

4-5 キーの分解方法は外観から見極めろ

「しまりばめ」で締結されたキーは、なかなか外すことができません。無理に叩いて外そうとすると、気づかぬうちに軸や軸受に負荷をかけていることがあります。キーは用途に応じて種類があります。キーに応じた分解方法を確認します。

①沈め平行キーの取り外し方法

沈め平行キーを軸から取り外す場合は、キーの端面に真鍮棒などを押し当てて、上の方向に向かって叩きます（図4-5-1）。キー溝は、エンドミルやサイドカッターにより加工されます（図4-5-2）。サイドカッターで軸加工されたものは、キーの端面も面取りされています。向きを確認して取り付けミスを防ぎます。

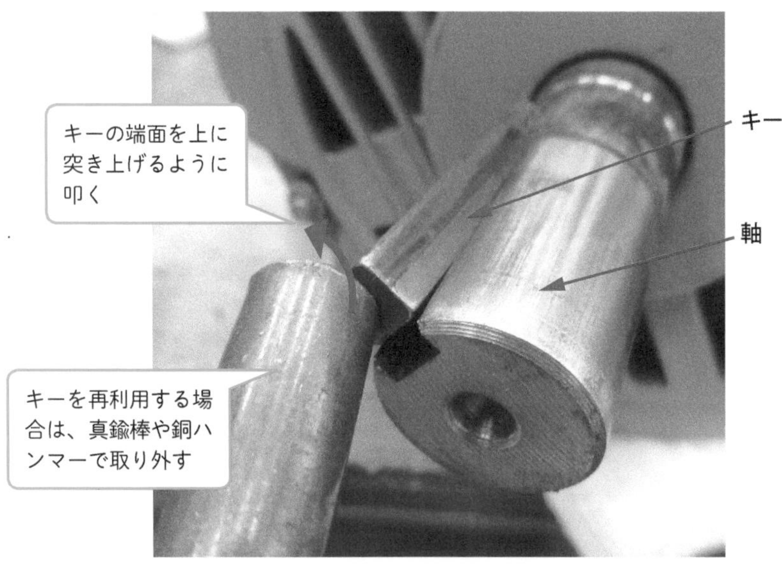
キーの端面を上に突き上げるように叩く
キー
軸
キーを再利用する場合は、真鍮棒や銅ハンマーで取り外す

図4-5-1 沈め平行キーの外し方

ボスに軸を挿入する際に、無理に押し込むとキーの端面を傷つけることがあります。そこでキーを1/3程度突き出し、ボス穴挿入時の取り付けミスを防ぎます（図4-5-3）。

キー挿入時は、面取りの向きを確認する
サイドカッターで加工された形状

図4-5-2　沈め平行キーの端面の向き

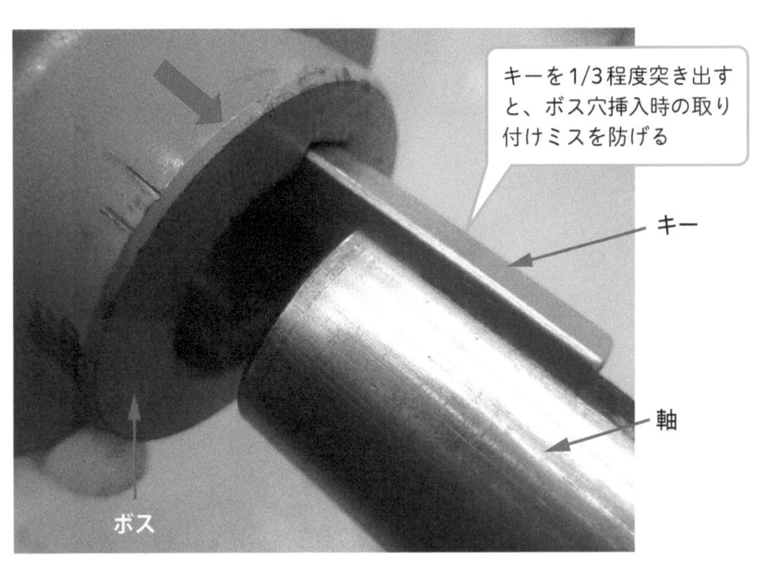
キーを1/3程度突き出すと、ボス穴挿入時の取り付けミスを防げる
キー
軸
ボス

図4-5-3　ボス穴との位置合わせ

②勾配キーの取り外し方法

図4-5-4に示す頭付き勾配キーは、軸とボス側の両方またはボス側のみに、1/100の勾配溝（キー溝）を設けます。

キーの頭をハンマーで叩いて打ち込むと、クサビ効果で勾配同士が強固にはまります。キーを軸から取り外すときは、ボスとクサビの間に隙間に見合った板を挿し込み、プーリーと一緒にキーを引き抜きます。

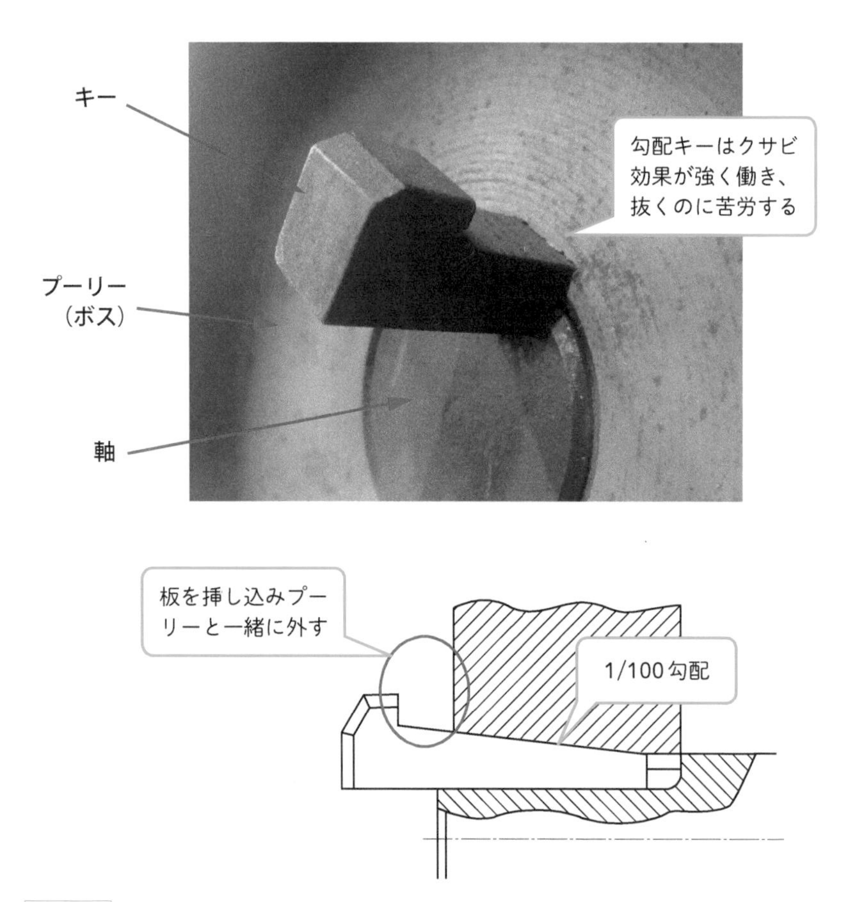
キー
プーリー（ボス）
軸
勾配キーはクサビ効果が強く働き、抜くのに苦労する
板を挿し込みプーリーと一緒に外す
1/100勾配

図4-5-4 勾配キーの取り外しのポイント

③半月キーの取り外し方法

図4-5-5に示す半月キーは、平行軸やテーパ軸に使用されます。キーを軸に取り付けた際には、軸との平行を合わせます。

端面がクサビのように食い込みがあれば、沈め平行キーと区別できます（図4-5-6）。キーを軸から取り外すときは、キーの端を上から孤を描くように叩きます。

キーとキー溝は、ともに半円になっている

図4-5-5　**半月キーの外観**

円弧を描くように端を叩く
端面はクサビのように食い込んでいるのが特徴

図4-5-6　**半月キーの取り外し**

ここがポイント

・キー挿入時は、変形を防ぐために鉄ハンマーの使用は避ける

4-6 回転性能を左右する軸受の特徴

軸受（ベアリング）は、回転する軸を支持する要素部品として多用されています。軸受は軸に作用する負荷を受けるため、取り付け時のミスはその後の回転性能の維持に影響します。軸受の構成や取り付け時のポイントを確認します。

①軸受の構造とはめ合い

構造と負荷について

軸受は内輪、外輪、転動体（玉やころ）、保持器（転動体が正しく回るように位置を決めるもの）から構成されます。また軸受は、半径方向に作用する負荷（ラジアル荷重）と軸方向に作用する負荷（アキシャル荷重）を受けます（図4-6-1）。

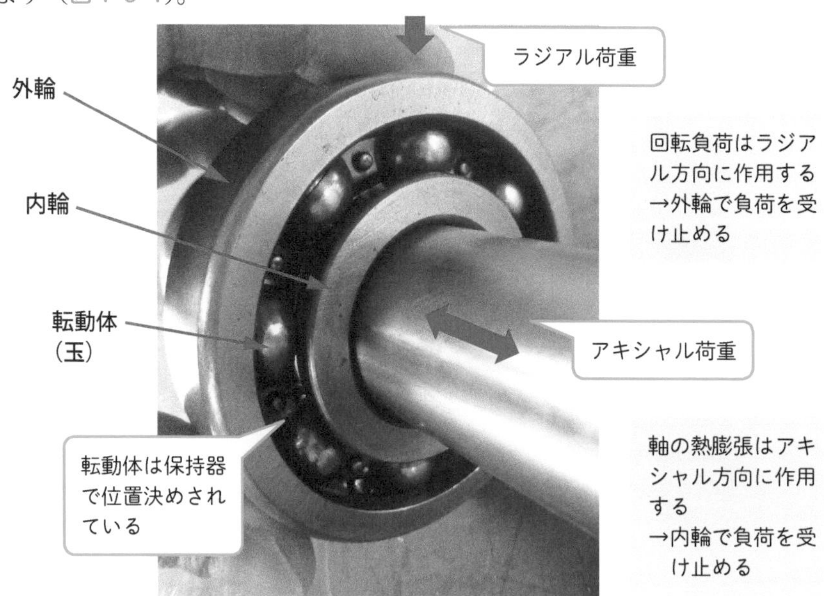
ラジアル荷重
外輪
回転負荷はラジアル方向に作用する
→外輪で負荷を受け止める
内輪
転動体（玉）
アキシャル荷重
転動体は保持器で位置決めされている
軸の熱膨張はアキシャル方向に作用する
→内輪で負荷を受け止める

図4-6-1 軸受に作用する負荷

「はめ合い」について

軸と内輪の関係

回転を確実に伝えるために軸と軸受内輪は、隙間のない状態「しまりばめ」で組み合わせます。

「しまりばめ」では、軸受内輪径よりもわずかに軸径を太くします。そのため軸を挿入（圧入）すると、内輪はわずかに膨張します。

内輪が膨張すると転動体（玉）を押し上げ、外輪との隙間が小さくなります（図4-6-2）。その結果、回転性能がわずかに低下します。

外輪のはめ合わせ

外輪は膨張した内輪と転動体（玉）を圧迫せずに、受け流す必要があります。そのため、一般的に「隙間ばめ」にします。

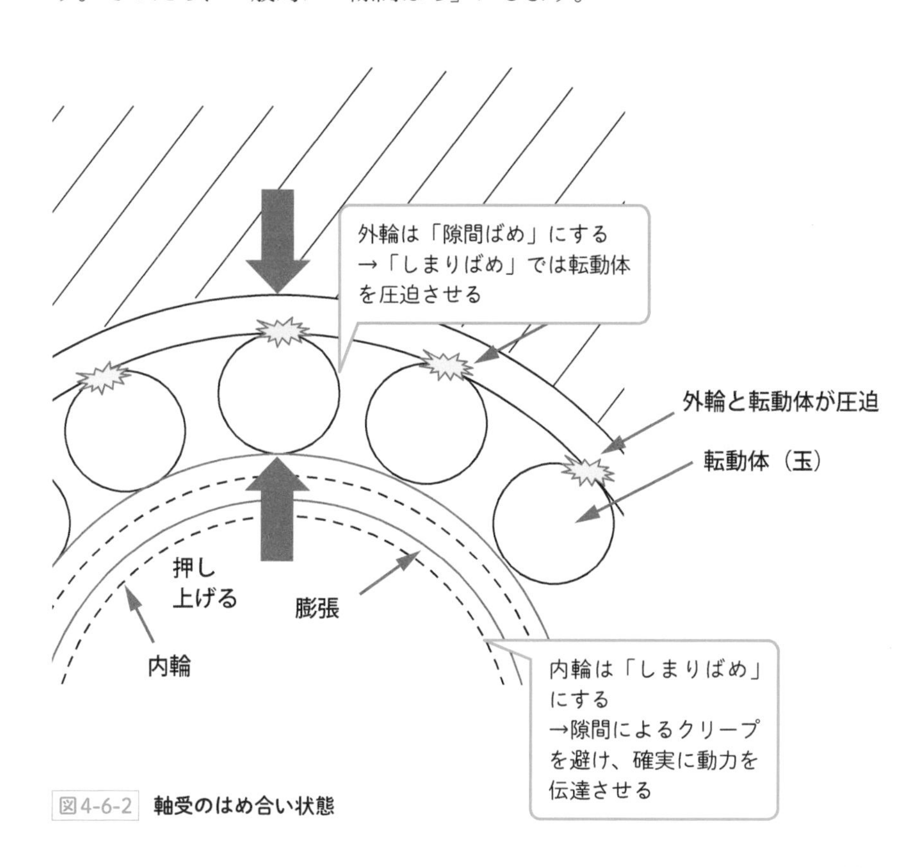
外輪は「隙間ばめ」にする
→「しまりばめ」では転動体を圧迫させる
外輪と転動体が圧迫
転動体（玉）
押し上げる
膨張
内輪
内輪は「しまりばめ」にする
→隙間によるクリープを避け、確実に動力を伝達させる

図4-6-2 軸受のはめ合い状態

②軸受の固定側と自由側の位置関係

軸の伸縮を逃がす

機器を稼働させると、軸受内部に熱が発生します（図4-6-3）。熱は軸の伸縮に影響し、軸受内輪を伝って軸受全体に熱を帯びるようになります。

通常、1本の軸に2個の軸受が配列されます。2個とも軸受のアキシャル方向（A）を固定させると、熱膨張による軸の伸縮を逃がすことができません。距離が長い場合は、軸受を固定側と自由側に分けます。

固定側ではラジアル方向（垂直V、水平H）と、アキシャル方向（軸A）からの負荷を受け止めます。自由側ではラジアル方向（V、H）の負荷のみを受け、アキシャル方向（A）で発生する熱膨張による軸の伸縮に対応させます。

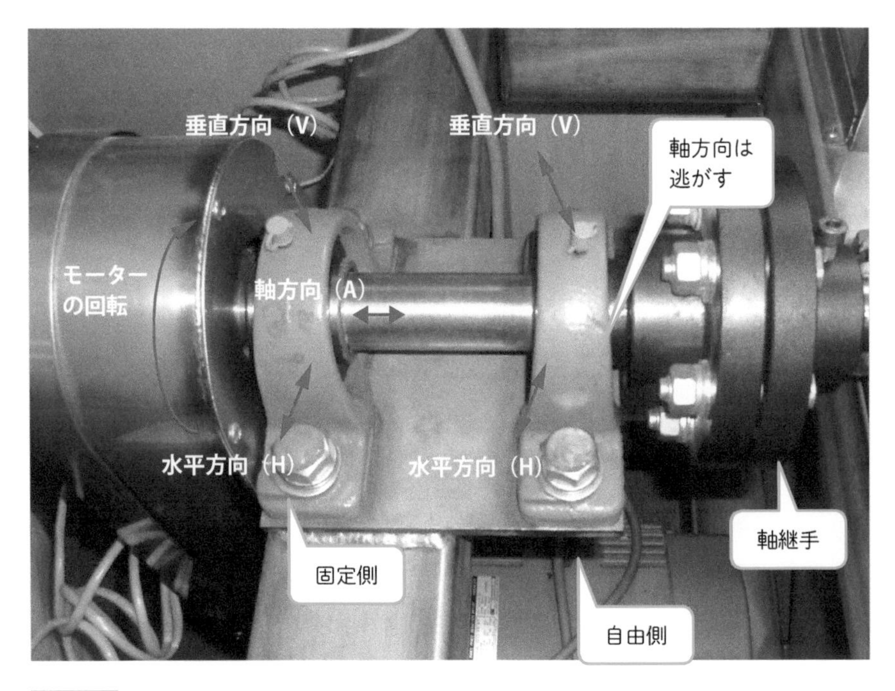
垂直方向（V）
垂直方向（V）
軸方向は
逃がす
モーター
の回転
軸方向（A）
水平方向（H）
水平方向（H）
軸継手
固定側
自由側

図4-6-3 軸の伸縮を受け流す固定方法

軸受の形式による配列について

軸受の種類に応じて、いろいろな組み合わせがあります。一般的に固定側には、アキシャル荷重とラジアル荷重を同時に受けられる深溝玉軸受が用いられます。自由側には、ころ軸受を適用します。軸と内輪を固定し、軸の伸びが発生したときのアキシャル方向を受け流します（図4-6-4）。

ラジアル
荷重
アキシャル
荷重

固定側軸受

深溝玉軸受はアキシャル方向とラジアル方向を同時に受ける

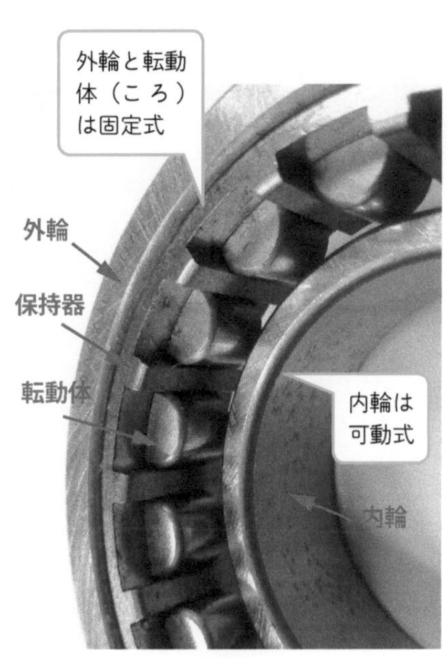
外輪と転動体（ころ）は固定式
外輪
保持器
転動体
内輪は可動式
内輪

自由側軸受

内輪が分離するタイプのころ軸受はラジアル方向に対応できる

図4-6-4　**軸受の選定**

ここがポイント

・転動体には「玉」と「ころ」がある
・玉（ボール）は点で力を受け、高速回転に適する
・ころ（ローラー）は線で力を受け、高負荷に適する

4-7 軸受の取り外し方法

回転異常が発生した場合は、軸受の交換作業が伴います。また新品の軸受は、無理に取り付けると軸受寿命の低下を招きます。軸受をユニットから引き抜くための器具の使い方や、軸受の取り付け方を確認します。

①正しく分解しないと異常を見抜けない

軸の損傷

歯車の交換などで軸を抜き取る場合があります。しかし、無理に取り外すと軸受の損傷にとどまらず、軸に傷をつけることにつながります（図4-7-1）。標準化された軸受と異なり、軸はつくり直しに時間を要します。軸受を取り外した際は、軸の状態を点検します。

円周方向
に傷

図4-7-1 軸受交換時に発生した軸の損傷

軸受を外してみよう

軸中心にタップ加工が施されている場合、スライドハンマーの先端部を挿し込みます（図4-7-2）。軸方向にハンマー（ウエイト）を引いて、衝撃力を利用して軸を引き抜きます。

図4-7-3に示すようにギヤプーラーを使って軸受を引き抜くとき、軸受外輪をつかむと軸受の損傷につながります。軸受を交換する場合は、あらかじめ同サイズの軸受を用意しておきます。

軸受
ハンマー（ウエイト）を引く
軸のねじ部に先端を取り付ける

図4-7-2 スライドハンマーを用いて軸を引き抜く

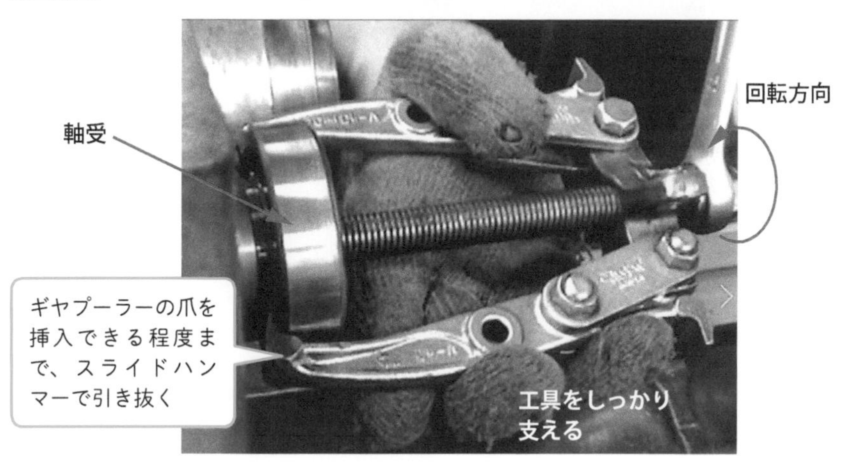
回転方向
軸受
ギヤプーラーの爪を挿入できる程度まで、スライドハンマーで引き抜く
工具をしっかり支える

図4-7-3 ギヤプーラーの爪で軸受を抜き取る

②芯を合わせて軸受を取り付ける

軸と軸受の芯を合わせなければ、回転不具合が発生します。初めに軸受を傾けないように、ユニットに挿入します（図4-7-4）。次に、ハンマーを用いて外輪を軽く叩きます。直接軸受を叩くよりも古い軸受を重ねて叩くことで、軸受への衝撃を緩和させることができます（図4-7-5）。

ある程度挿入したのち、先にユニットに挿入されていた軸に、軸受内輪を合わせます（図4-7-6）。このとき軸と内輪、ユニットと外輪が同時に接触するため、“かじり”が発生しやすくなります。軸と軸受が少しずつはまってきたら、手で軸をゆっくりと1回転させます。重さと軽さを感じる箇所がないことを確認しながら、最後までしっかり打ち込みます。

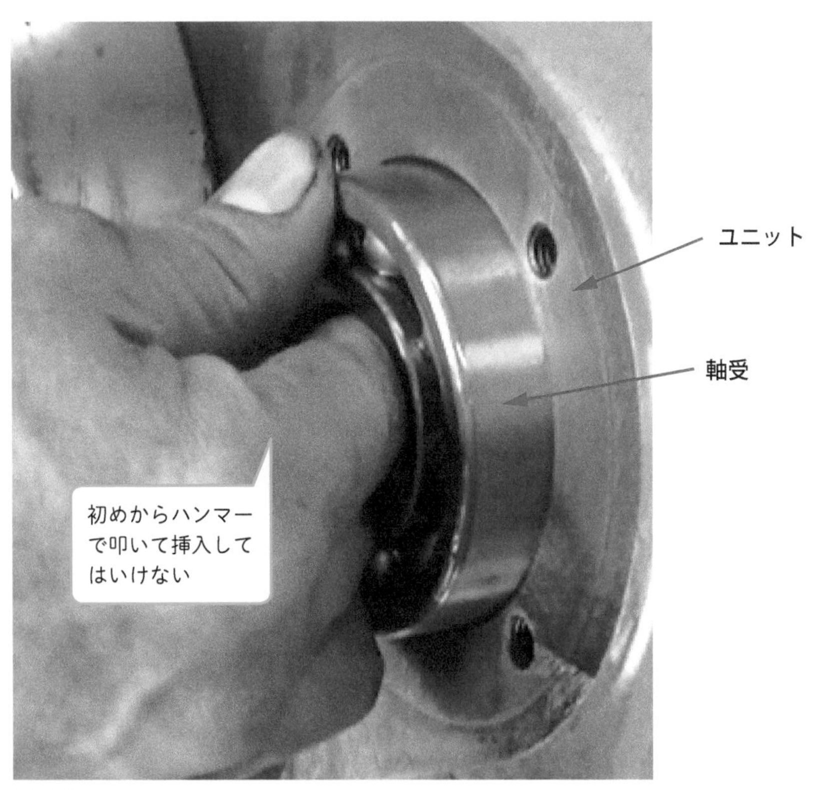
ユニット
軸受
初めからハンマーで叩いて挿入してはいけない

図4-7-4 **軸受のはめ込み**

軸受取り付け後の確認

　ペンなどで軸が見えるところに印をつけて、動作確認を行います。手回しした際に常に同じ箇所で止まるような場合は、軸のバランスが悪く、軸受がまっすぐ取り付けられていない可能性があります。

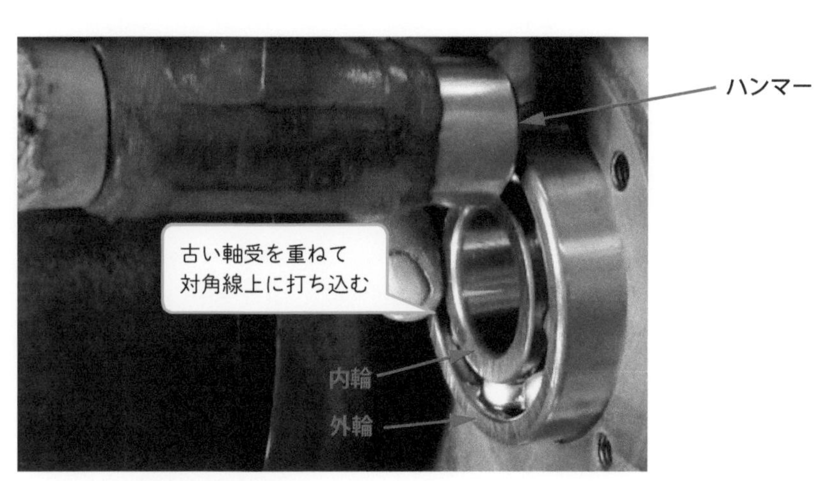
ハンマー
古い軸受を重ねて
対角線上に打ち込む
内輪
外輪

図4-7-5　**外輪を交互に叩く**

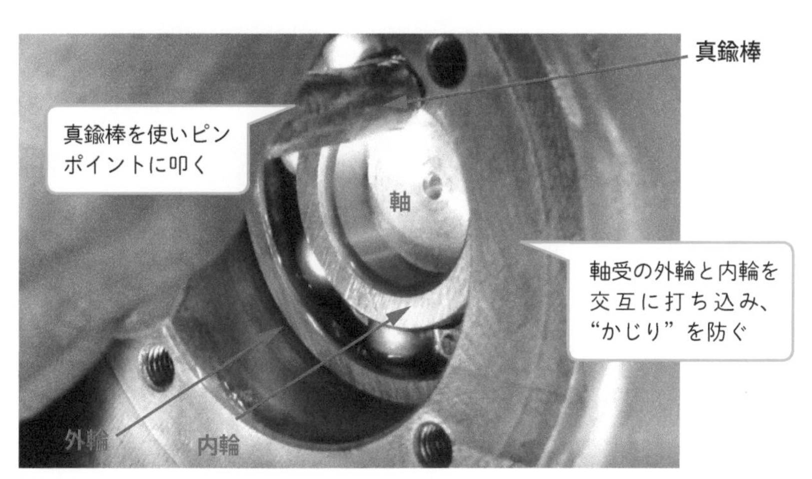
真鍮棒
真鍮棒を使いピン
ポイントに叩く
軸
軸受の外輪と内輪を
交互に打ち込み、
“かじり”を防ぐ
外輪
内輪

図4-7-6　**内輪と軸を合わせる**

ここがポイント

軸受の挿入は軸芯に合わせて打ち込む

4-8 多方面で扱われる軸受ユニットの特徴

軸受ユニットは、軸と軸受ホルダが一体化されているため、ある程度の傾きを調整する（自動調心性）ことが可能です。軸受ユニットの特徴と定期点検のポイントを確認します。

①自動調心性をうまく使いこなす

軸受ユニットは外輪の軌道面が球面で、曲率中心が軸受中心と一致しています（図4-8-1）。そのため内輪、外輪、転動体、保持器が、軸受中心の周りを自由に回転できる「自動調心性」が特徴です。

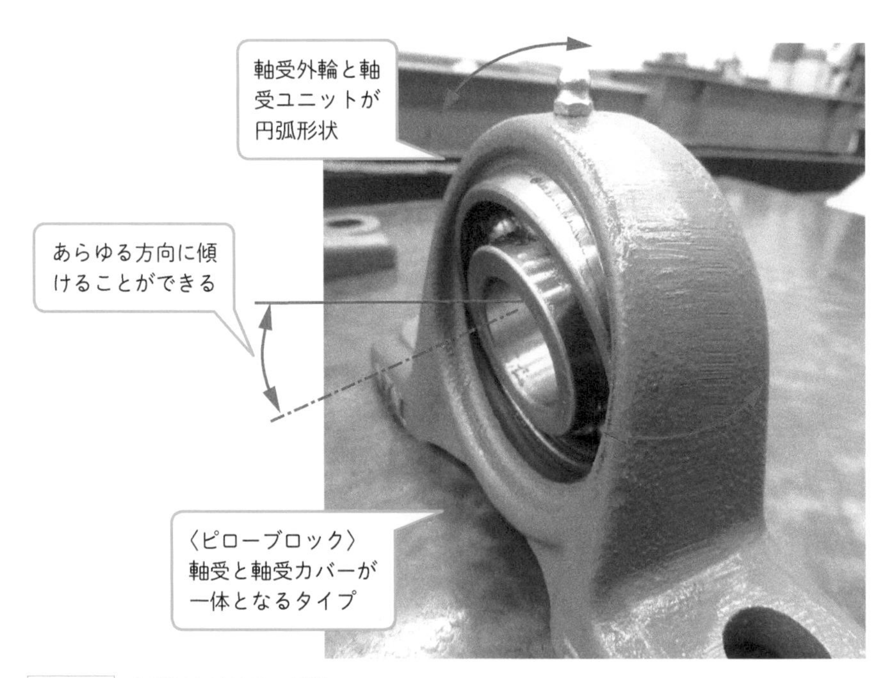
軸受外輪と軸
受ユニットが
円弧形状
あらゆる方向に傾
けることができる
〈ピローブロック〉
軸受と軸受カバーが
一体となるタイプ

図4-8-1 自動調心性軸受の特徴

軸受給油ポイント

自動調心性軸受にはグリス潤滑が行われます。注油口から注がれたグリスは、軸受ユニット内部の油溝を伝って、軸受外輪の小穴に注がれます（図4-8-2）。

ただし、自動調心性に頼って、軸受の傾き角度を大きくしてはいけません。油溝と小穴の位置がずれて給油されなくなります。

グリス注油口
内部の油溝を通って軸受内部に注油される
小穴
（給油口）
油溝

図4-8-2 グリス給油の流れ

ここがポイント

- 長い軸は軸受の取り付け精度が難しいため、自動調心性軸受が適用される
- 軸受ユニットには定期的にグリスを給油し、軸受損傷を防ぐ

②軸受ユニットの構成

軸受ユニットの傾き

送風機のような大型回転体を支える軸間距離は、必然的に長くなります。このようなとき、自動調心性玉軸受を用いた軸受ユニットを使用すると、取り付けが楽になります。軸受ユニット取り付け面と軸中心との角度誤差は、±2以内（±1°以内）であることが望ましいとされています（図4-8-3）。

止めねじの負荷

自動調心性軸受は軸間距離が長い箇所で多用されるため、取り付けを重視するのであれば、はめ合い公差は「隙間ばめ」にします。特にアキシャル荷重が大きい場合や、回転によるクリープを避けるためには、軸との隙間は「0に近い隙間ばめ」が推奨されています。

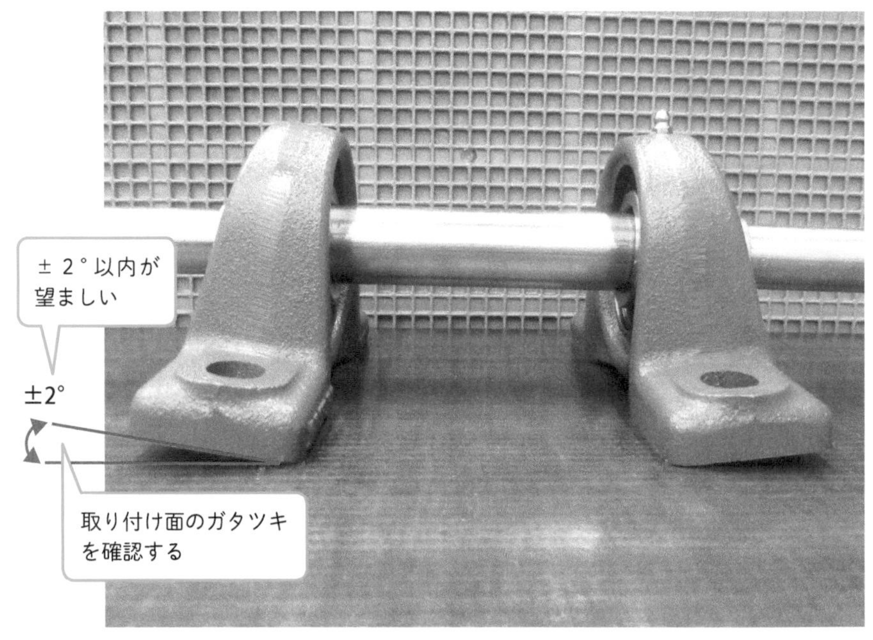
±2°以内が
望ましい
±2°
取り付け面のガタツキ
を確認する

図4-8-3 取り付け角度の有効範囲

注意点として、軸を固定する「止めねじ」を強く締めすぎてはいけません。通常2カ所の止めねじに対して、1カ所を強く締めすぎると内輪を広げる力が作用し、破断に至ります（図4-8-4）。止めねじを使用する際は、必ず2カ所を均等に締め付けます。

止めねじ
軸
止めねじ部の破損

図4-8-4　止めねじ締め付けミスによる破損

4-9 回転精度を高める軸受の取り付けと調整

自動調心性軸受には、剛性の高いタイプ（プランマブロック）があります。プランマブロックは軸受と軸受カバーが分離するため、軸と軸受を単独で取り付けることができます。軸受ユニットの取り付け方法を確認します。

①軸受ユニットの軸と軸受の取り付け

軸受ユニットの特徴は、軸方向に作用するアキシャル荷重に耐えられるように、ストレートの軸にスリーブ（テーパ）と軸受（内輪がテーパ）を組み合わせます。このとき、互いのテーパの向きを間違えないように取り付けます（図4-9-1）。

次に緩みを防ぐための座金を挿入し、スリーブの切り欠き部に座金の「舌」を合わせます（図4-9-2）。

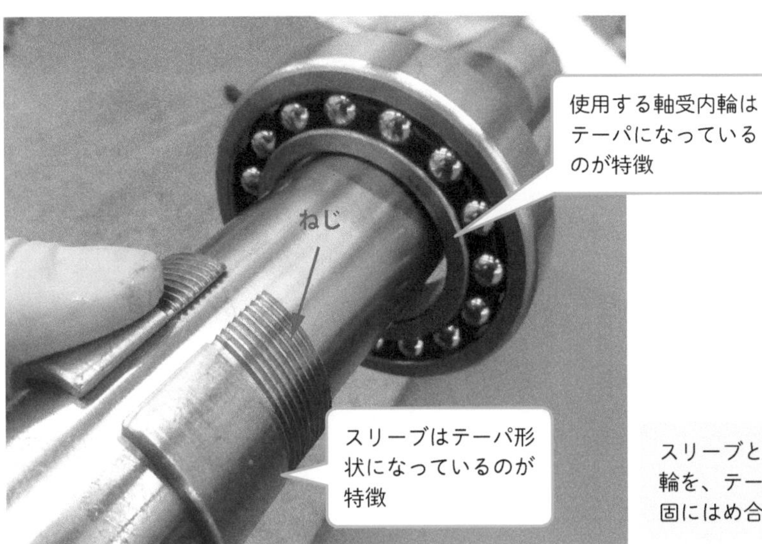
使用する軸受内輪はテーパになっているのが特徴
ねじ
スリーブはテーパ形状になっているのが特徴
スリーブと軸受内輪を、テーパで強固にはめ合わせる

図4-9-1 テーパスリーブと軸の結合

ナットを締める方向に回し、位置が合うところで座金の歯を折り曲げます（図4-9-3）。なお、ナットの「締め付けすぎ」は軸受内部隙間が減少して、発熱や焼付きの原因となります。

また、「締め付け不足」も軸とスリーブおよびスリーブと内輪の間で滑りを起こし、すべり面の摩耗や発熱、焼付きの原因となります。

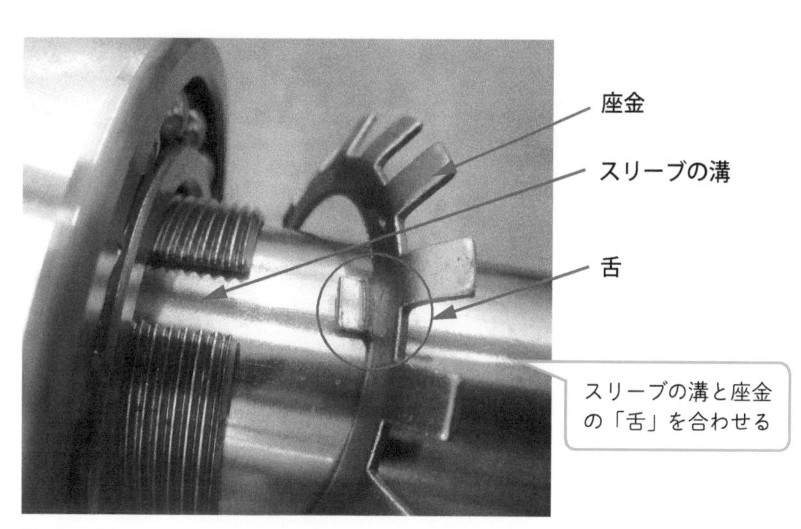
座金
スリーブの溝
舌
スリーブの溝と座金
の「舌」を合わせる

図4-9-2 **スリーブと座金の結合**

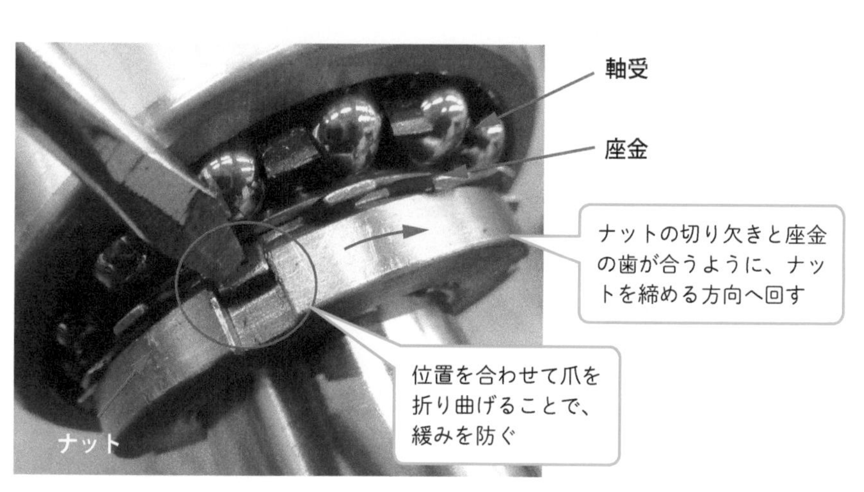
軸受
座金
ナットの切り欠きと座金
の歯が合うように、ナッ
トを締める方向へ回す
位置を合わせて爪を
折り曲げることで、
緩みを防ぐ
ナット

図4-9-3 **座金とナットの締結**

②2点の締結ではねじれを意識する

プランマブロックの軸受ユニットは、上下2つ割れとなった鋳鉄製です（図4-9-4）。固定側の軸受には、アキシャル方向に軸受が動かないように鋳鉄製のリング（位置決め輪）を軸受の両側に使用します。

軸受ユニットを配置して、ボルトを締結します。このとき仮締めを行うと、軸受ユニットが時計方向にローリング（回転）し始めます。ローリングは軸のねじれに影響し、合成ゴムシールの損傷につながります。

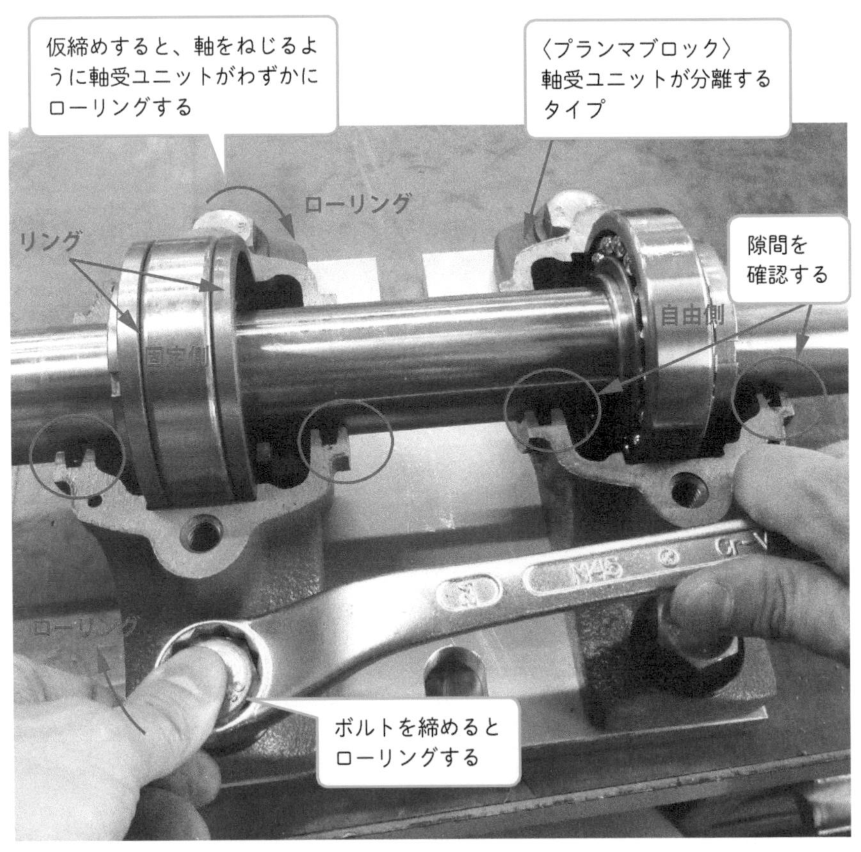
仮締めすると、軸をねじるように軸受ユニットがわずかにローリングする
〈プランマブロック〉
軸受ユニットが分離するタイプ
ローリング
リング
隙間を確認する
自由側
固定側
ローリング
ボルトを締めるとローリングする

図4-9-4 締結による軸のねじれ

ねじれが発生すると、シール挿入部の隙間に違いが現れます。ねじれの判断は、軸受ユニットの合成ゴムシール挿入部で確認します（図4-9-5）。軸の位置合わせができれば、合成ゴムシールと取り付け溝にグリスを塗布して終了です（図4-9-6）。

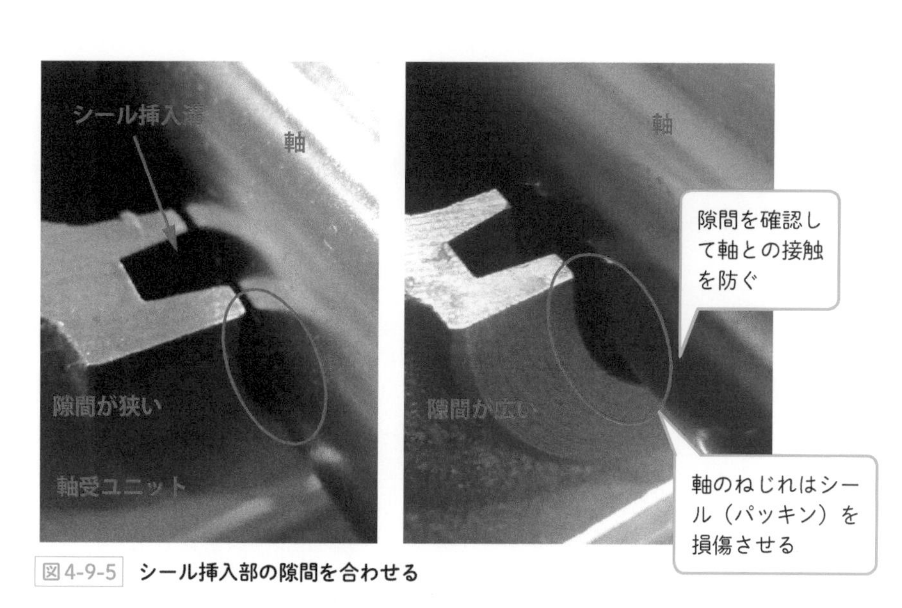
シール挿入溝
軸
隙間が狭い
軸受ユニット
軸
隙間が広い
隙間を確認して軸との接触を防ぐ
軸のねじれはシール（パッキン）を損傷させる

図4-9-5　**シール挿入部の隙間を合わせる**

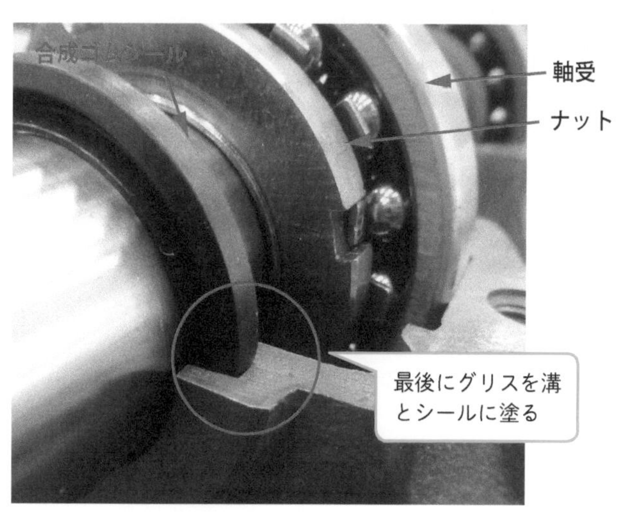
合成ゴムシール
軸受
ナット
最後にグリスを溝とシールに塗る

図4-9-6　**シール挿入状態**

③運転に欠かせない最適なグリス量

軸受ユニットは内部にグリスを封入するため、ゴムシールと鋼鉄製のスリンガによってグリスの漏れと粉塵対策がされます（図4-9-7）。グリスの粘度は高く（ドロッとしている）、給油量が多すぎると回転抵抗が高くなり、軸受温度を上昇させます。また、グリスの軟化による漏れや変質によって、潤滑性能の低下を招きます。

新しいグリスを給油するときは、図4-9-8に示すように古いグリスを拭き取り、軸を回しながら注油します。徐々に新しいグリスが排出されたら終了です（図4-9-9）。

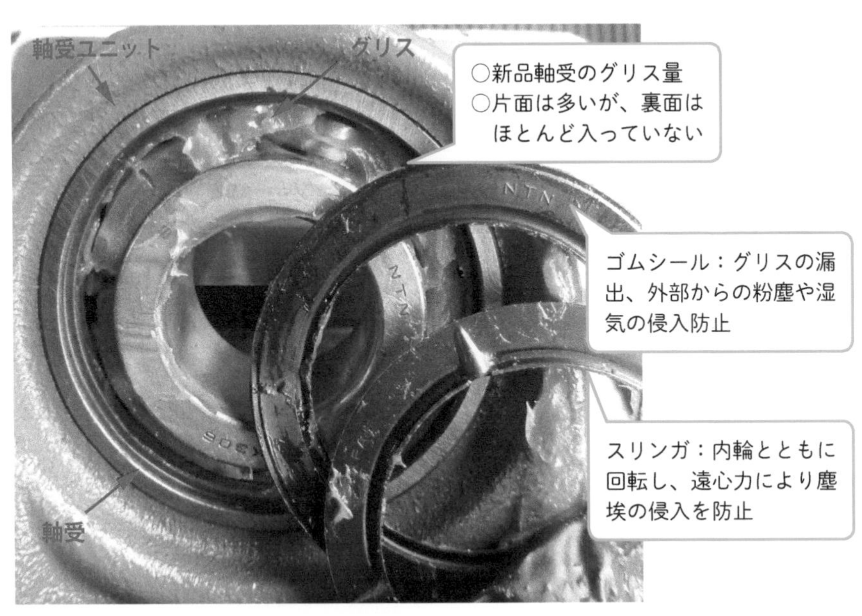
軸受ユニット
グリス
○新品軸受のグリス量
○片面は多いが、裏面はほとんど入っていない
ゴムシール：グリスの漏出、外部からの粉塵や湿気の侵入防止
スリンガ：内輪とともに回転し、遠心力により塵埃の侵入を防止
軸受

図4-9-7　**ピローブロック内部の給油量（片面）**

ここがポイント

- 過度の給油を避けるため、グリスガンでの給油を2回プッシュと決めておく
- 静止中に多量のグリスを一気に補給すると、ゴムシールが外れてスリンガに接触し、異常発熱の原因となる

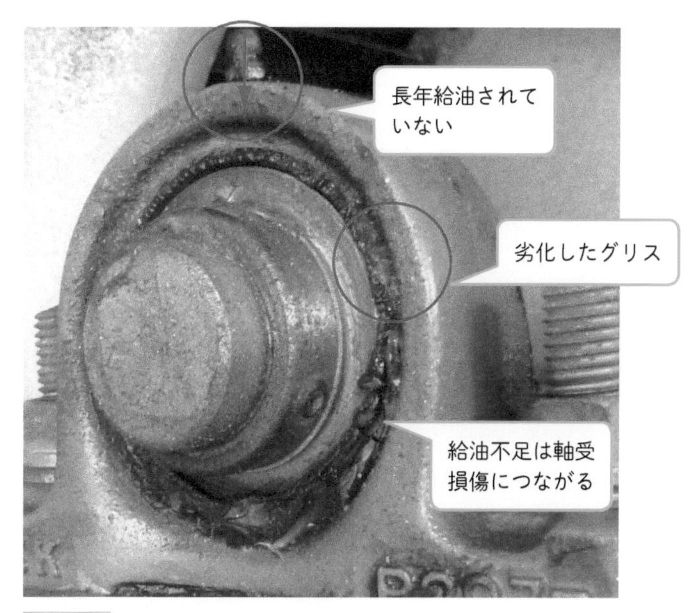
長年給油されていない
劣化したグリス
給油不足は軸受損傷につながる

図4-9-8 **劣化したグリスの状態**

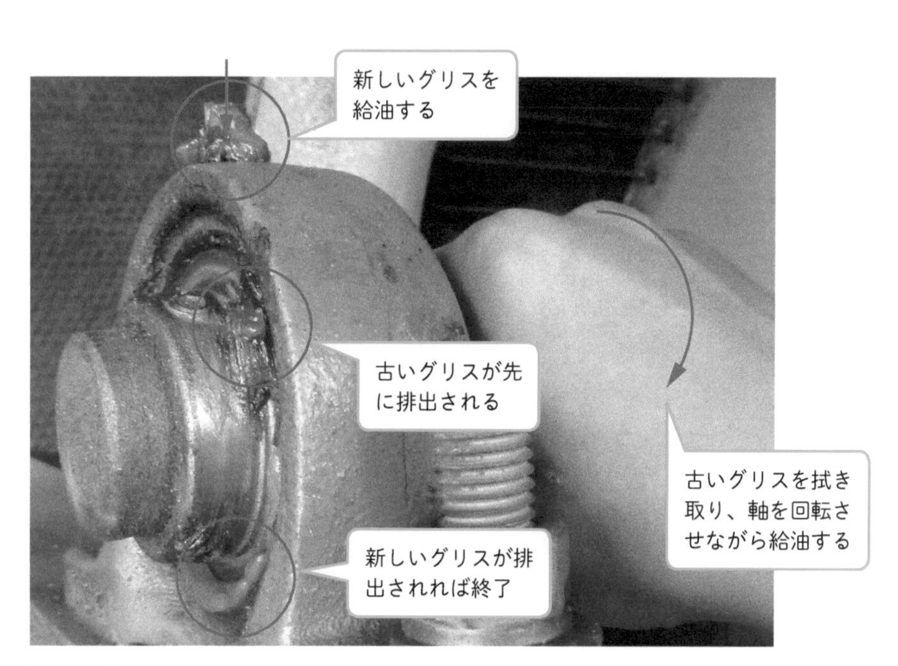
新しいグリスを給油する
古いグリスが先に排出される
新しいグリスが排出されれば終了
古いグリスを拭き取り、軸を回転させながら給油する

図4-9-9 **正しいグリスの給油方法**

Column 2

損傷した工具や測定器を教材に活用しよう

工具箱の工具や定盤に置かれた測定器を点検すると、欠損した工具のほか動きの悪い測定器が見受けられます。欠損した工具では、ねじを損傷させ規定のトルクが得られません。動きの悪い測定器では測定結果の信頼性を欠きます。

このようなトラブルを避けるために、工具や測定器は日常点検が欠かせません。グループリーダーや安全・教育担当者が率先して、点検整備することが重要です。さらに保全担当者が、工具や測定器の異常を判断する取り組みが欠かせません。そこで、工具や測定器の損傷品を廃棄せずに、異常の程度を示す確認用として提示するとよいでしょう。

初めに正常な状態を説明します。工具や測定器の使い方を理解した後に、損傷品を示します。すると、どの程度の変形や動きが「異常」であるのを判断できるようになります。最後に保全担当者とともに、損傷（異常）に至った作業を確認するのです。

保全担当者は、自分の工具や測定器、作業方法が正しいかどうかを見直すようになります。そして、自分の工具に愛着が湧くと、安易な気持ちで「工具や測定器を貸して…」と言わなくなるのです。自分の工具は自分で管理する。使用前には点検する。異常や損傷は報告する。自分がメンテナンスした設備は、愛着を持って整理整頓する気持ちが芽生えることを期待しましょう。

第5章

機器の寿命を改善できる2軸の芯出し方法

一見、問題なく回転している機器は、実は高い精度で芯出しされています。この芯出し精度が低い（ミスアライメント）と、回転振れが発生して軸受損傷を引き起こします。芯出し作業方法を身につけることにより、設備の寿命を延ばすことが可能です。

芯出しは、偏芯・偏角を小さくしなければいけません。そのため、芯出しにはダイヤルゲージ（測定器）を使用し、ライナー（シム）を用いた高さの調整が必要です。ここでは芯出しの手順を体得します。

5-1 芯出し作業の狙いは同軸にある

渦巻ポンプや油圧ポンプは安定した吸い込みと吐き出しを繰り返すため、動力損失は避けたいものです。このようなシステムでは、モーターとポンプ2軸の直結方式がとられます。高い芯出し精度を達成するために必要な芯出し方法を確認します。

①軸線上の組み付けユニットの活用場所

ポンプは、低い場所から高い場所へ、低圧部から高圧部へさまざまな液体を送り出すために使用される機械です（図5-1-1）。配管とポンプを接続させるため、モーターとポンプは継手を介して動力を伝達します（図5-1-2）。このシステムの課題は、回転機の芯出し不良が原因で振動が発生し、故障や漏れなどが多く発生します。

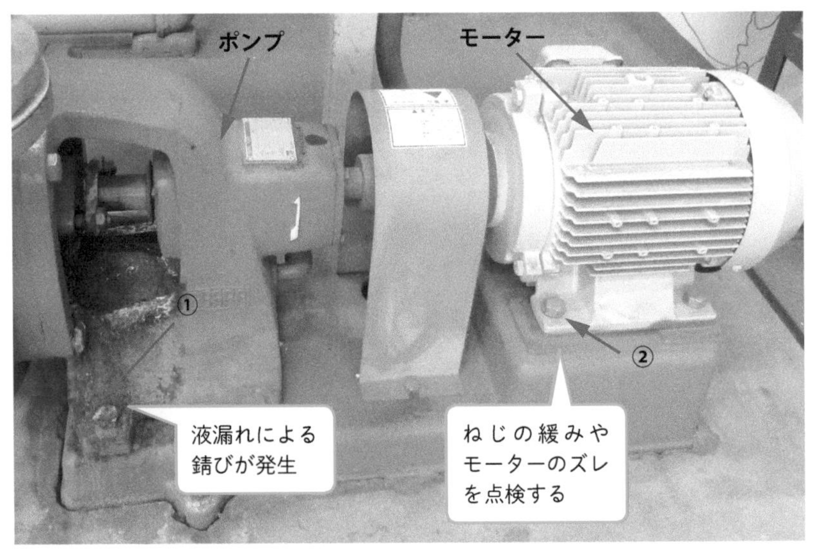
ポンプ
モーター
①
②
液漏れによる
錆びが発生
ねじの緩みや
モーターのズレ
を点検する

図5-1-1 ポンプの設置状況を判断する

軸がミスアライメント（芯出し不良）状態にあると、プラントの停止、シールや軸受の交換、ポンプの修理など多額の損害をもたらします。次のような現象が機械に見られたとき、芯出し精度が低下していると判断します。

①基礎ボルトの緩みや折れ
②ライナー（シム）や締結ねじの緩み
③カップリングボルトの緩みや折れ
④カップリングが熱を帯びている
⑤継手のブシュ（ゴム）の劣化

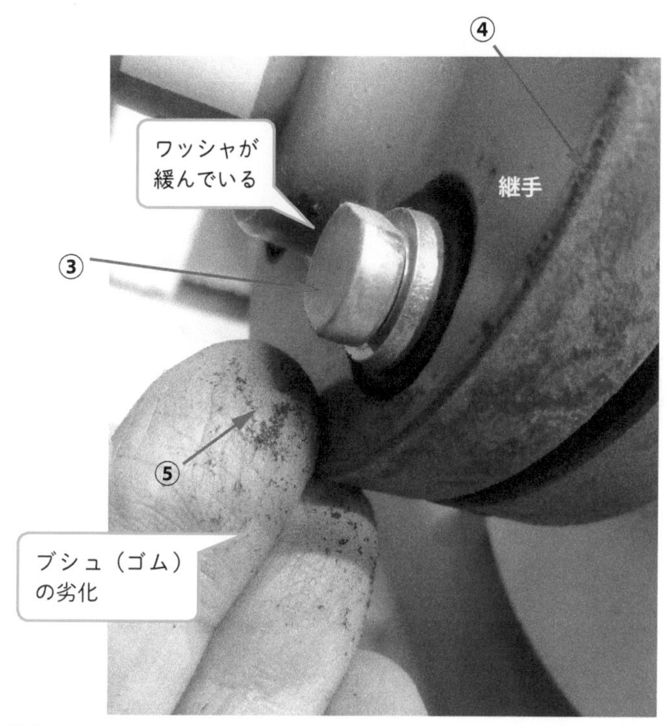
④
ワッシャが
緩んでいる
継手
③
⑤
ブシュ（ゴム）
の劣化

図5-1-2 継手の摩耗や損傷を判断する

ここがポイント

・ミスアライメントに起因する故障や損害は精密な芯出しによって防ぐ

②ミスアライメントによる偏芯偏角とは

継手の接合状態を確認する

パッキン交換やモーターとポンプ（渦巻ポンプ）を据え付けるような場合は、軸芯合わせが欠かせません。軸芯を一直線上に合わせるユニットには、継手が必ずあります。通常は保護カバーが取り付けられているため、定期点検時にカバーを外して継手の振れや隙間の間隔を点検します（図5-1-3）。

軸芯のズレには、平行な芯ズレ（偏芯）や角度のズレ（偏角）があります（図5-1-4）。ダイヤルゲージやレーザー軸芯出し器などを用いて回転軸のズレを測定し、修正を行います。

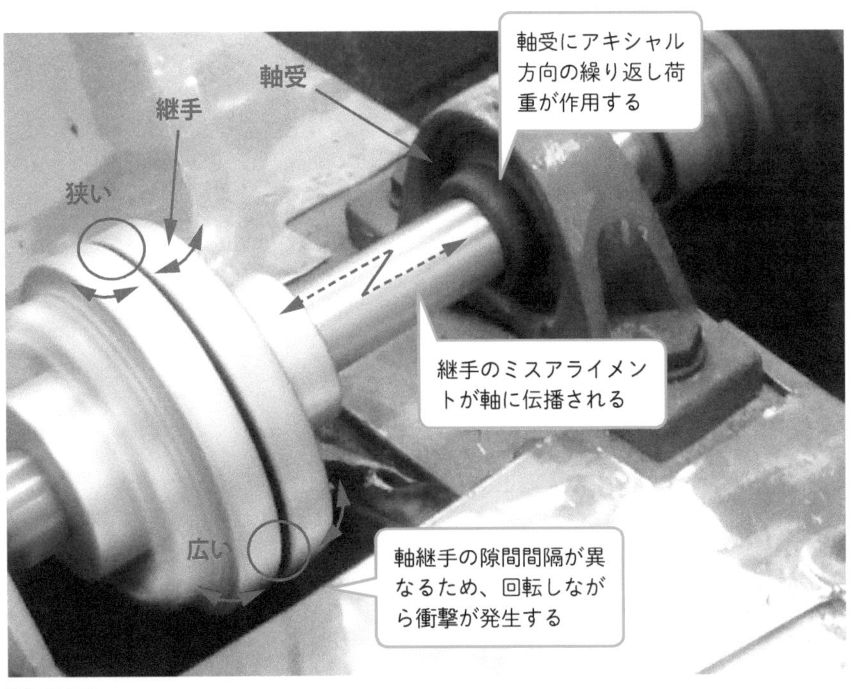
軸受にアキシャル方向の繰り返し荷重が作用する
軸受
継手
狭い
継手のミスアライメントが軸に伝播される
広い
軸継手の隙間間隔が異なるため、回転しながら衝撃が発生する

図5-1-3 軸受損傷につながる継手のミスアライメント

軸芯のズレと軸受への影響

軸芯がずれていると、回転トルク以外の余分な力が繰り返し作用します。負荷は弱い箇所に蓄積されます。軸継手の振れの影響は軸受に作用し、損傷に至ります（図5-1-5）。このような状態になる前に、設備全体の振動や騒音を聞き漏らさないようにしましょう。

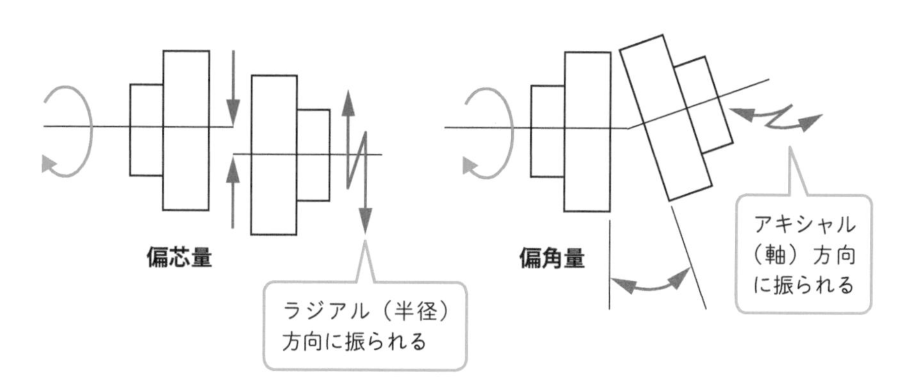
偏芯量
ラジアル（半径）
方向に振られる
偏角量
アキシャル
（軸）方向
に振られる

図5-1-4 軸継手で発生する偏芯と偏角

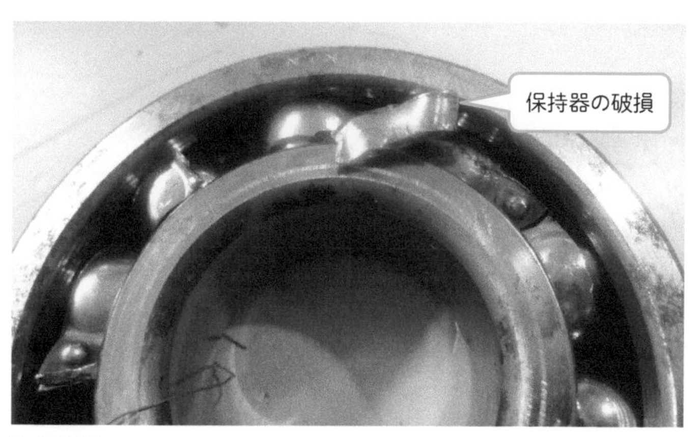
保持器の破損

図5-1-5 ミスアライメントによる軸受の損傷

ここがポイント

- 軸受はミスアライメントの影響を受けて損傷しやすい
- 軸芯がずれていると、回転トルク以外の余分な力が繰り返し作用する

5-2 カップリングはミスアライメントを吸収できない

継手には、自動化機器に対応する小型のタイプ（カップリング）と、油圧機械など大きな動力伝達を目的として使用されるフランジ型軸継手があります。各種継手の特性と芯ズレによる損傷を確認します。

①カップリング取り付けのポイント

カップリングが使用される箇所

カップリングはサイズの異なる軸同士をつなぎ合わせるだけではなく、許容トルクやミスアライメントに対する適応性も異なります。歯車（駆動軸）とエンコーダを結合する場合には、金属コイルばねでつないだカップリングが使用されています（図5-2-1）。

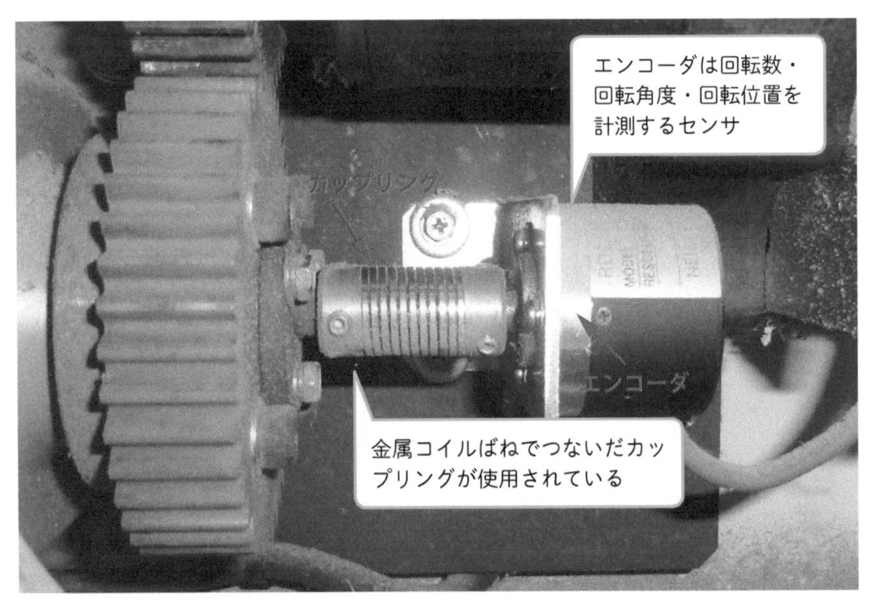
エンコーダは回転数・回転角度・回転位置を計測するセンサ
カップリング
エンコーダ
金属コイルばねでつないだカップリングが使用されている

図5-2-1 カップリングの取り付け状態

カップリング使用上の注意

図5-2-2に示すスリット形カップリングは、螺線および平行スリットによって急激なねじれを緩和する効果が期待できます。しかし、小型ゆえに軸同士の芯をしっかり合わせなければ、その負荷はスリットに局所的に加わり、やがて破損に至ります。

特に正逆転を繰り返す機器では、ねじれが大きく作用します。モーターがよく壊れると聞きますが、原因の多くはカップリングに頼ったミスアライメントが原因です。

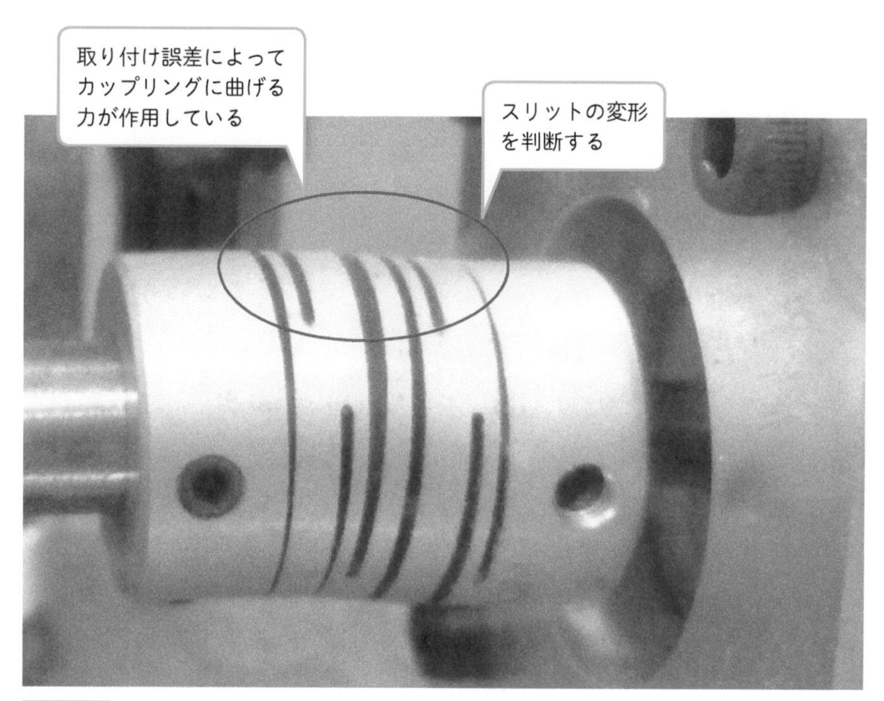
取り付け誤差によって
カップリングに曲げる
力が作用している
スリットの変形
を判断する

図5-2-2 ミスアライメントによるカップリングの変形

ここがポイント

- カップリングは軸に作用するミスアライメントや、過負荷に対する選定が重要
- 軸の回転誤差が発生した場合、カップリングの変形や破損を疑う

②ミスアライメントによる損傷

カップリングの破損

カップリングは芯ズレを吸収して、動力を伝達すると記されています。カップリングの種類や使用条件によっては、一定のミスアライメントを受けられるものがあります。

しかし、芯がずれていると軸や軸受などへの負荷が蓄積され、やがて破損します（図5-2-3）。回転機故障の約半分は、不正確な軸芯出しが直接的な原因との報告もあります。

○カップリングの許容トルクは、軸に対するトルクを上回るように選定される
○選定条件が良くても、芯出しが悪ければ破損に至る
破断

図5-2-3　ミスアライメントによるカップリングの破断

ここがポイント

・ミスアライメントによって、カップリングは過負荷を受けて損傷する
・過負荷はカップリングとモーターを損傷させる

カップリングと軸との組み合わせ

図5-2-4に示すオルダムカップリングは2つの軸芯が平行にずれていても、偏芯を受け流して動力伝達させることができます。ハブの突起とスライダの溝が滑ることが特徴です。しかし、偏芯量が多いとスライダの早期摩耗に至ります。ただし、偏角には効果が期待できません。

また、スライダをうまく可動させるためには、軸の突き出し量を正しく配置しなければいけません（図5-2-5）。カップリングはすべて同じではありません。それぞれの特徴を理解した上で活用しましょう。

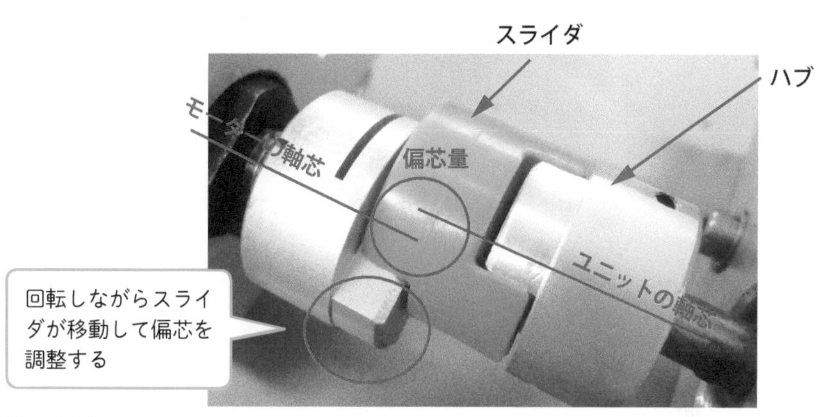
スライダ
ハブ
モータの軸芯
偏芯量
ユニットの軸芯
回転しながらスライダが移動して偏芯を調整する

図5-2-4　スライダの可動状態

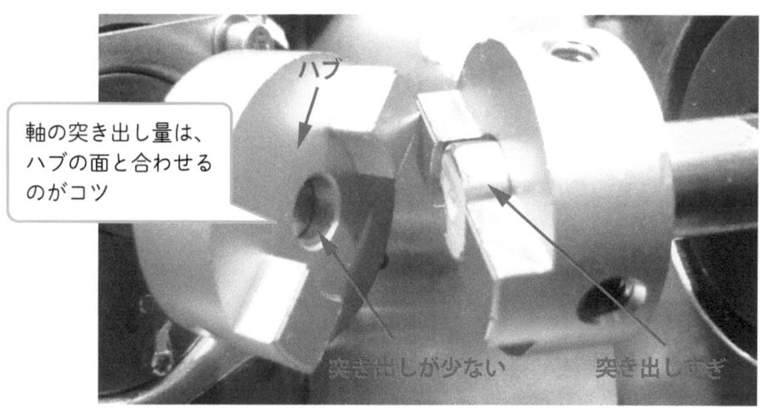
ハブ
軸の突き出し量は、ハブの面と合わせるのがコツ
突き出しが少ない
突き出しすぎ

図5-2-5　適正な軸の突き出し量

5-3 軸継手の外周は軸芯ではない

モーターの出力（トルク）が大きい場合には、フランジ形の軸継手が使用されます。特に「たわみ軸継手」は、ある程度のミスアライメントを緩和できて、脱着がしやすいために多用されています。たわみ軸継手の芯出しの課題と損傷を確認します。

①軸継手の特徴

フランジ形たわみ軸継手の特徴

フランジと継手ボルトの間のブシュ（ゴム）により、起動時や停止時の衝撃やトルク変動の影響を緩和します（図5-3-1）。継手ボルトを外すだけでブシュの交換ができ、保守・保全が簡単です。

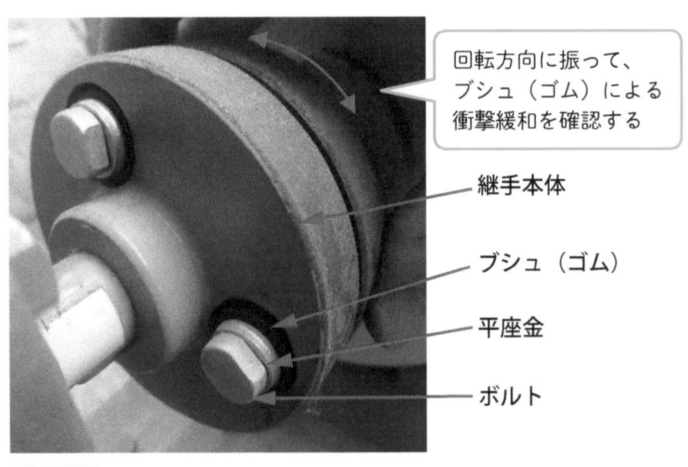
回転方向に振って、
ブシュ（ゴム）による
衝撃緩和を確認する
継手本体
ブシュ（ゴム）
平座金
ボルト

図5-3-1 フランジ形たわみ軸継手の取り付け状況

ここがポイント

・ブシュ（ゴム）の弾性力を利用して、軸芯の角度ズレ（偏角）にある程度対応できる

軸継手外周部による芯出し測定

２軸の芯出し方法は、いろいろあります。多くは継手の外周とフランジ面を測定する手法が採用されています（図 5-3-2）。

しかし、継手外周やフランジ面は、回転軸芯と一致しているとは限りません。加工精度や塗装状態も、測定値の誤差に影響します。

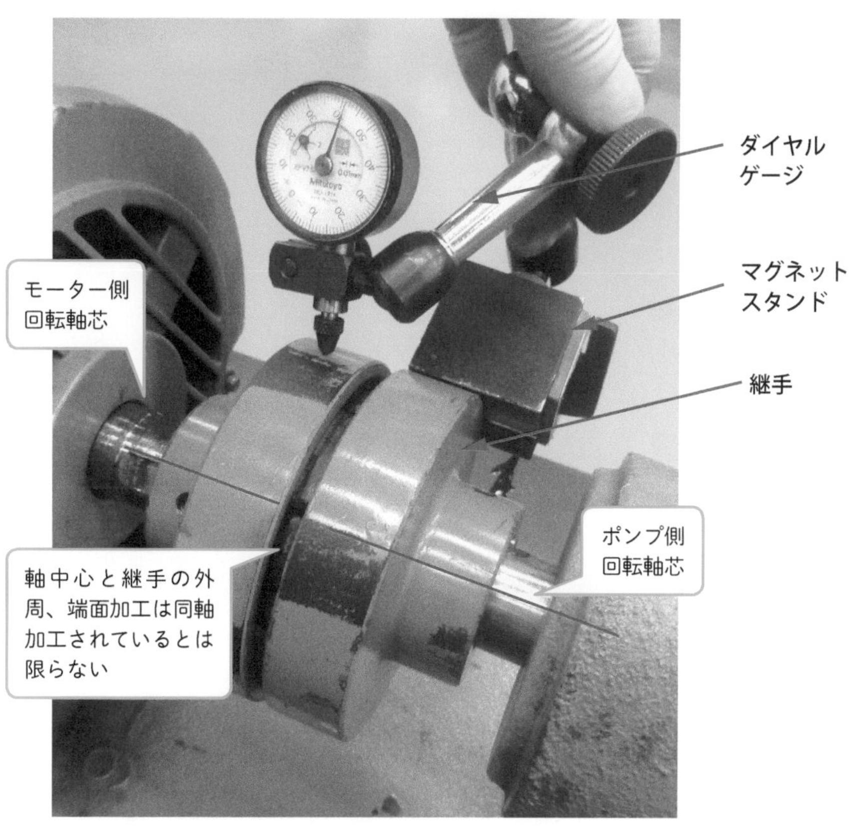
ダイヤル
ゲージ
マグネット
スタンド
継手
モーター側
回転軸芯
ポンプ側
回転軸芯
軸中心と継手の外周、端面加工は同軸加工されているとは限らない

図 5-3-2　軸継手外周部による芯出し測定

ここがポイント

・継手外周部の測定値と、実際の回転軸芯が合っているとは限らない
・継手の防錆塗装によっても測定誤差が発生する
・測定値を記録し、再調整時の値と比較する

②軸継手の損傷

ミスアライメントによる継手の破損

フランジ形たわみ軸継手は万能ではありません。軸芯の角度ズレ（偏角）にある程度対応できるとしても、ブシュ（ゴム）の圧縮強さに頼って、芯出しを疎かにしてはいけません。

偏角が大きいと、フランジの端面が互いに接触しながら回転し、破損に至ります（図5-3-3）。ある程度の芯ズレや傾きに対応できますが、大きな芯ズレや傾きは過大振動、寿命低下、破損などにつながるため、可能な限り小さくすることが重要です。

ブシュ（ゴム）の劣化原因

ブシュ（ゴム）は劣化によって硬化し、弾性が失われます（図5-3-4）。特に滅菌装置（オゾン・塩素）が循環ポンプ付近に設置してあるラインでは、溶存酸素や塩素などの含有濃度が高くなります。また、食品工場などで

ブシュ（ゴム）に
損傷は見られない
継手の芯出し精度
が悪く、繰り返し
荷重を受けて破損

図5-3-3 偏角誤差による軸継手の破損

は塩分の影響も受けて、ブシュ（ゴム）の腐食要因となります。

簡易的にブシュ（ゴム）の点検を行うには、機器を停止させた状態で継手を軸方向に少し移動させます。ブシュ（ゴム）の変形や摩耗は、起動停止時の衝撃に影響します。ブシュ（ゴム）は消耗部品のため、定期点検時には交換も行います。

ブシュの劣化
ブシュ（ゴム）は有機溶剤や油などの付着により、寿命が著しく低下する
ブシュ（ゴム）の劣化は円周方向のガタツキが大きくなり、起動停止時に衝撃が発生する

図5-3-4　ブシュの劣化による円周方向のガタツキ要因

ここがポイント

- ブシュ（ゴム）の圧縮性だけではミスアライメントを吸収しきれない
- ブシュ（ゴム）の腐食対応としてフッ素樹脂製が有効

5-4 芯ズレ量を数値で判断する

2軸の軸芯のズレは、運転状態で「0」が理想です。しかし、機器の設置環境によっては、「0」を出すのは困難です。実務的に継手の振動を受けにくくする範囲において、軸芯出しの許容値が定められています。軸芯出し作業ではダイヤルゲージを活用し、回転方向の振れ量を測定します。測定器の使い方と点検方法を確認します。

①測定器を使いこなす

ダイヤルゲージの点検箇所

機器の点検や調整、位置合わせには測定器による評価が欠かせません。一般的に芯出しの誤差として、20μm（0.02）以下が要求されます。この値以内に収めるためには、測定前のダイヤルゲージの動作確認が必要です（図5-4-1）。

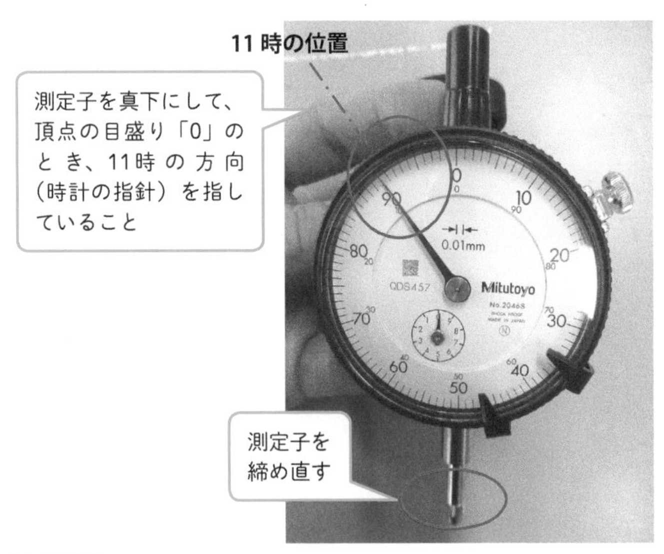
11時の位置
測定子を真下にして、頂点の目盛り「0」のとき、11時の方向（時計の指針）を指していること
測定子を締め直す
0.01mm
Mitutoyo
No.2046S
QDS457

図5-4-1　ダイヤルゲージの外観検査

指針の動きを点検する

内部のばねや、スライド機構の損傷状態を点検します（図5-4-2）。測定子を上下方向にスライドさせます。何度繰り返しても、指針の位置にズレが発生していないことを確認します。

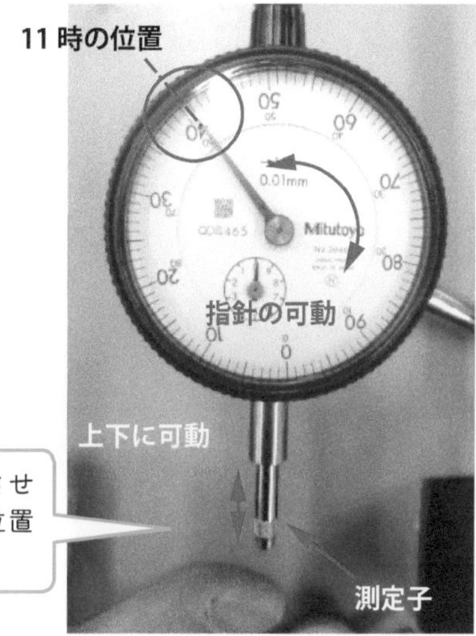
11時の位置
0.01mm
Mitutoyo
指針の可動
上下に可動
指で測定子をスライドさせて、指針が常に11時の位置に戻ることを確認する
測定子

図5-4-2 内部機構の点検

ダイヤルゲージスタンドの緩みを点検する

測定に集中していると、各部のねじが緩んでいることに気づきません。ダイヤルゲージをマグネットスタンドに取り付けたときに、各ねじに緩みが発生していないことを確認します（図5-4-3）。

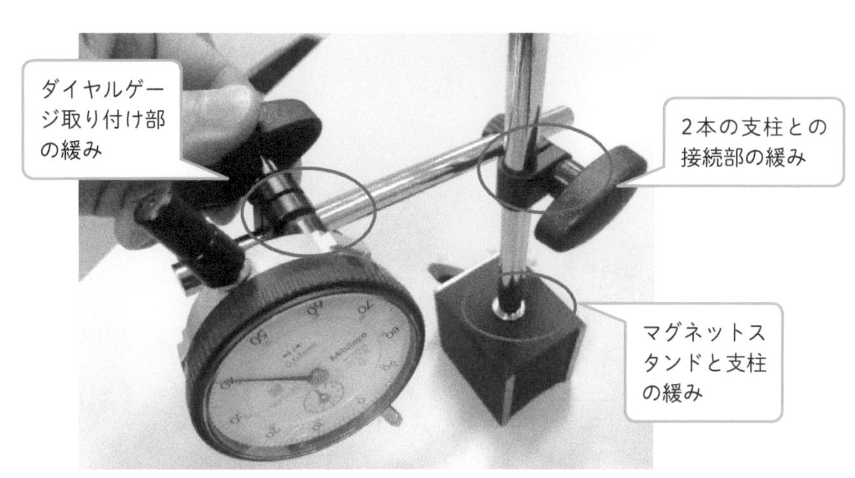
ダイヤルゲージ取り付け部の緩み
2本の支柱との接続部の緩み
マグネットスタンドと支柱の緩み

図5-4-3 締め付けミスは測定誤差につながる

②2軸の芯高さをライナー（シム）で調整する方法

ダイヤルゲージを用いて、2軸の軸芯合わせの方法を確認します。

1. 軸の頂点を判断しよう

初めにダイヤルゲージの測定子を、軸の断面に沿って移動させます（図5-4-4）。指針は低い値から徐々に高くなり、また低い値を示します。測定値の一番高い値が軸の頂点になります（頂点「0」）。

2. 2軸の段差の違いを確認しよう

2軸の軸芯高さの違いを判別します（図5-4-5）。2軸の直径がφ6とφ10では、軸芯を合わせたときに片側2mmの段差ができます（理想）。ベースプレートを基準に、φ6の一番高い値を「0」にします。

続いてダイヤルゲージの形態を変えずに、φ10の頂点の指針を読み取ります。測定値が2.3mmを示した場合は、2軸の軸芯誤差は0.3mmとなります（2.3－2.0＝0.3）（実際）。

3. ライナー（シム）による高さ調整をしよう

φ6軸のユニットが低いため、φ6軸のベースに0.3mmのライナー（シム）を挿入します（ライナー調整）。

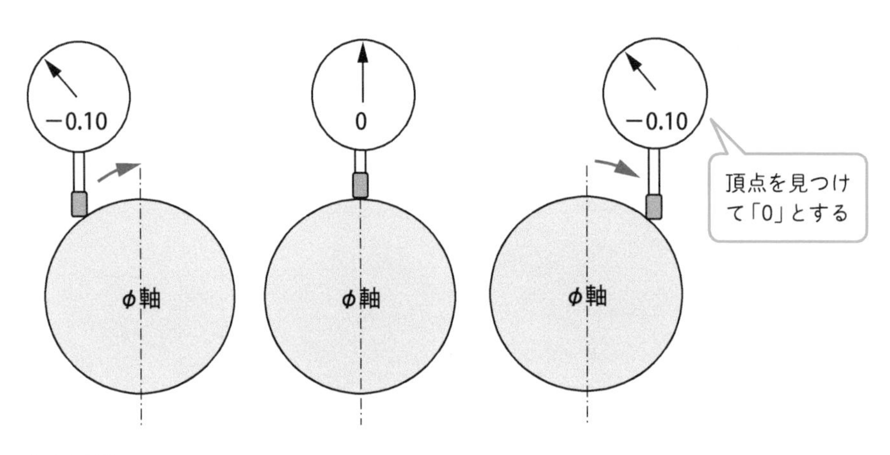
−0.10
0
−0.10
頂点を見つけて「0」とする
φ軸
φ軸
φ軸

図5-4-4　軸の頂点確認方法

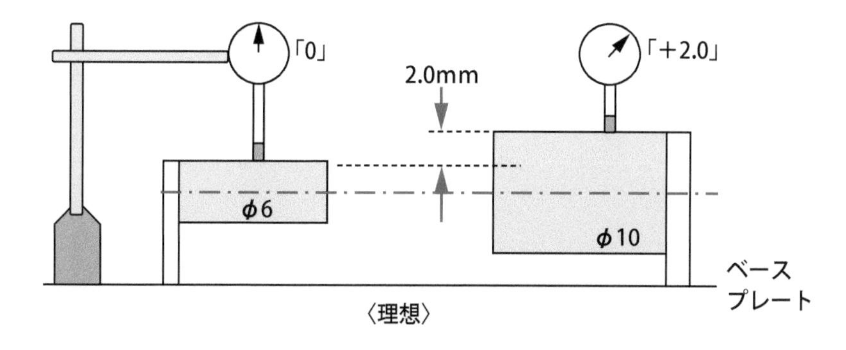
「0」
「+2.0」
2.0mm
φ6
φ10
ベース
プレート
〈理想〉

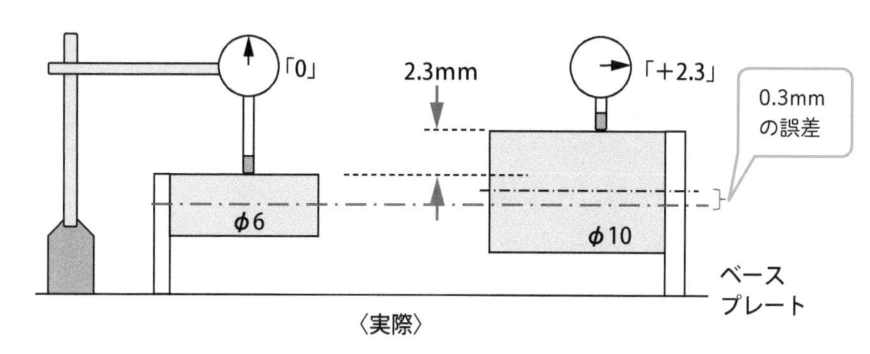
「0」
「+2.3」
2.3mm
0.3mm
の誤差
φ6
φ10
ベース
プレート
〈実際〉

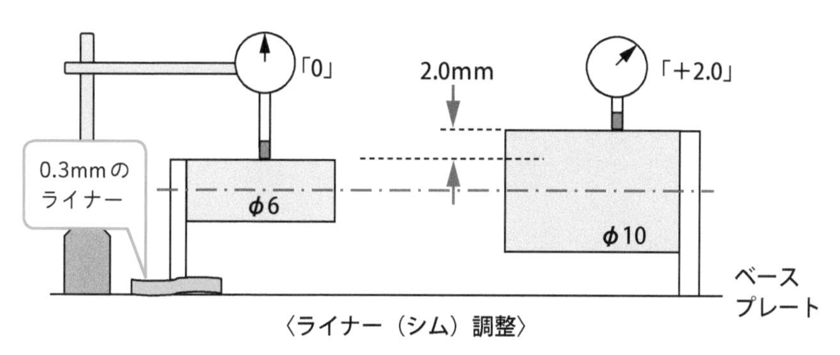
「0」
「+2.0」
2.0mm
0.3mmの
ライナー
φ6
φ10
ベース
プレート
〈ライナー（シム）調整〉

図5-4-5 **軸芯高さの検出方法**

ここがポイント

- 2軸の芯出し作業では、一番に高さを合わせる
- 測定範囲の広いダイヤルゲージ（読み取り10mm）を選定する

5-5 ライナー（シム）で取り付け平面をつくり出すコツ

ライナー（シム）は、真鍮やステンレス製など多様な材質や厚みのものが市販されています。厚みを選定し裁断する際には、専用の金切りはさみを使用します。バリや反りをしっかり除去し、締め付けたときの高さ誤差を防ぐことは重要です。ライナー（シム）の切り方や調整方法を確認します。

①ライナー（シム）による高さ調整のポイント

ベースに挿入するライナー（シム）のサイズを確認します。締結ボルトの位置を確認し、金切りはさみで裁断する位置に印をつけます（図5−5−1）。紙の裁断のように、歯元で切ろうとしても裁断できません。金切りはさみは、歯先で少しずつつまむようにして裁断します。

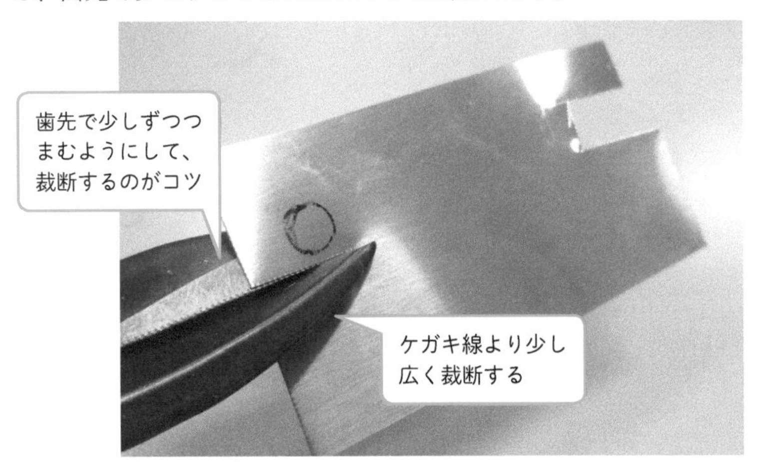
歯先で少しずつつまむようにして、裁断するのがコツ
ケガキ線より少し広く裁断する

図5-5-1 金切りはさみの使い方

ここがポイント

・ライナー（シム）は裁断しやすい軟質材または真鍮を選定する
・穴のサイズより少し大きめに印をつける

裁断後は角を面取りします（図5-5-2）。裁断した部分はバリや反りが発生しているため、銅ハンマーを用いて叩いて修正します（図5-5-3）。

ライナー（シム）表面を叩くと、厚みが変化するので注意します。ゴムマットや鉄板を敷いて、バリや反りが発生した部分をピンポイントに叩いて修正します。

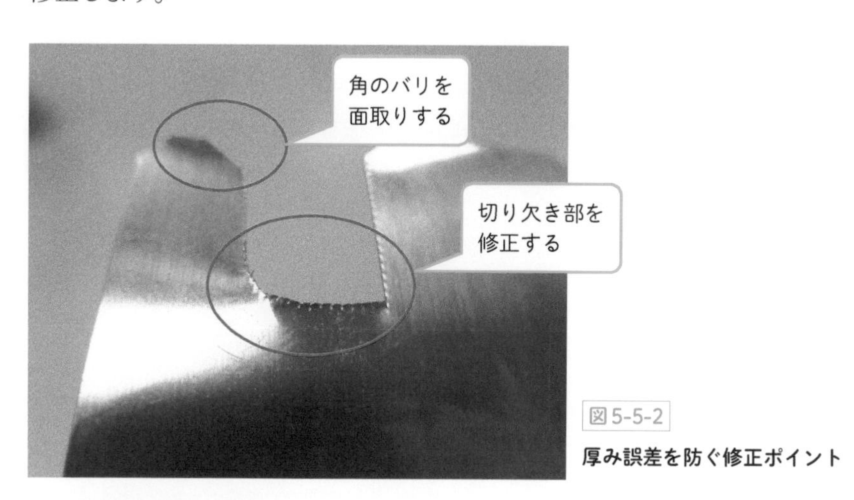
角のバリを
面取りする
切り欠き部を
修正する

図5-5-2
厚み誤差を防ぐ修正ポイント

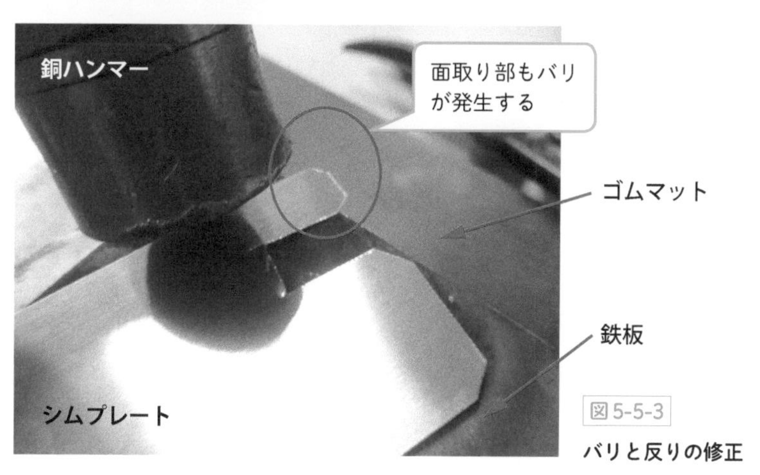
銅ハンマー
面取り部もバリ
が発生する
ゴムマット
鉄板
シムプレート

図5-5-3
バリと反りの修正

ここがポイント
・ライナー（シム）の切断部やバリをピンポイントで叩く
・ライナー（シム）を直接叩くと、厚みが変化するため注意する

②ライナー（シム）の製作と締め加減のコツ

ライナー（シム）は、わずかなバリによって高さに狂いが生じます。そのため、粗目の砥石を用いてエッジ部を修正します（図5-5-4）。またライナー（シム）を台座に敷いたとき、機器からはみ出していると、メンテナンス時などでケガの元となります。台座に収まるように配置します（図5-5-5）。

特に、必要な厚さを得るために薄いライナー（シム）を積層させると、振動などの影響を受けて機器が滑りやすくなります（図5-5-6）。積層枚数によっては締め付けることで厚みが変化するため、積層枚数は3枚以下と少なくなるように調整します。

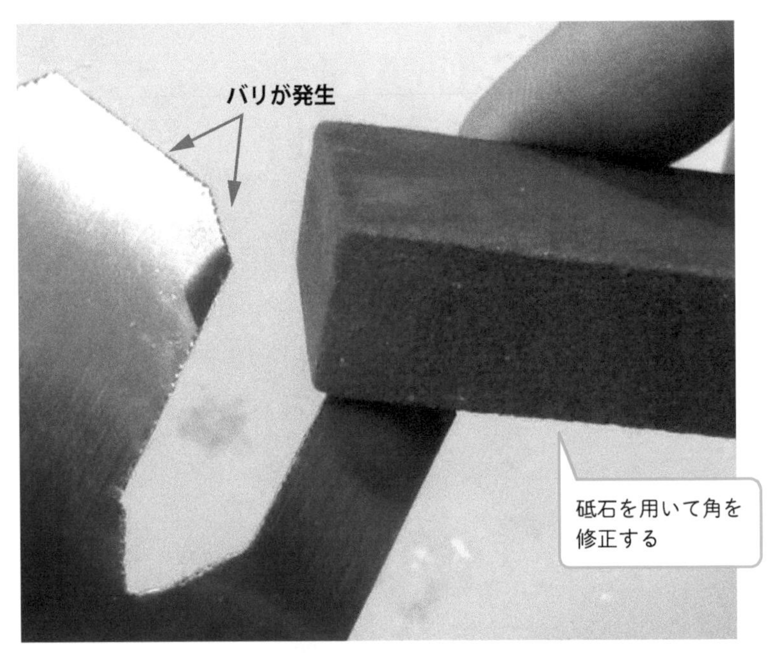
バリが発生
砥石を用いて角を修正する

図5-5-4 砥石によるバリの修正

ここがポイント

- 使用枚数を増やさない（積層枚数は3枚以下と決める）
- ライナー取り付け時は角のバリを砥石で修正する

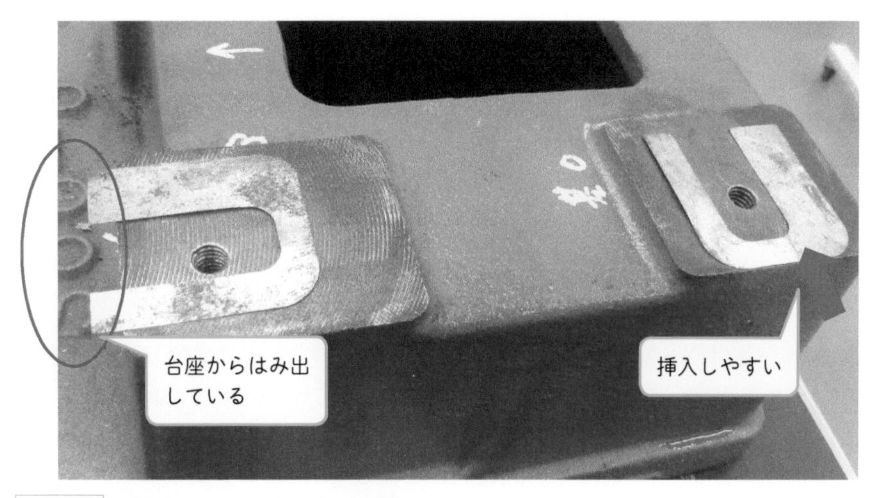
台座からはみ出
している
挿入しやすい

図5-5-5 **適正なライナー（シム）の配置**

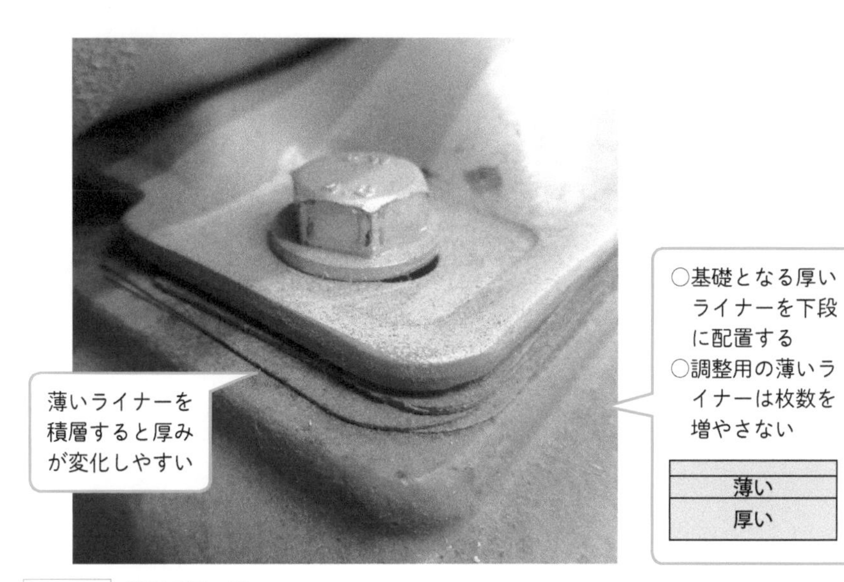
薄いライナーを
積層すると厚み
が変化しやすい
○基礎となる厚い
ライナーを下段
に配置する
○調整用の薄いラ
イナーは枚数を
増やさない
薄い
厚い

図5-5-6 **積層の悪い例**

ここがポイント

- ライナーは、厚い板を下にして徐々に薄いシートを積層する
- ライナーを挿入し、仮締めしながら徐々に締め付ける

5-6

ユニットの軸芯を合わせる4つの工程①

取り付け台座の高さ調整

①取り付け台座がすべての基準

ポンプとモーターは、軸継手を介して動力が伝達されます（図5-6-1）。フレームのたわみなどで軸芯に振れが発生した場合、振動は繰り返し荷重となって軸や軸受、軸継手に影響します。したがって、機械などのレベル調整（床との水平バランスを調整）は不可欠です。

ポンプとモーターの2軸の芯出し方法はいろいろあります。正確に測るには、継手を軸方向にスライドさせて2軸を調べることが有効です。ここでは少し手間ですが、軸芯合わせの基本を理解することを目的に、軸から継手を外した2軸の芯出し方法を確認します。

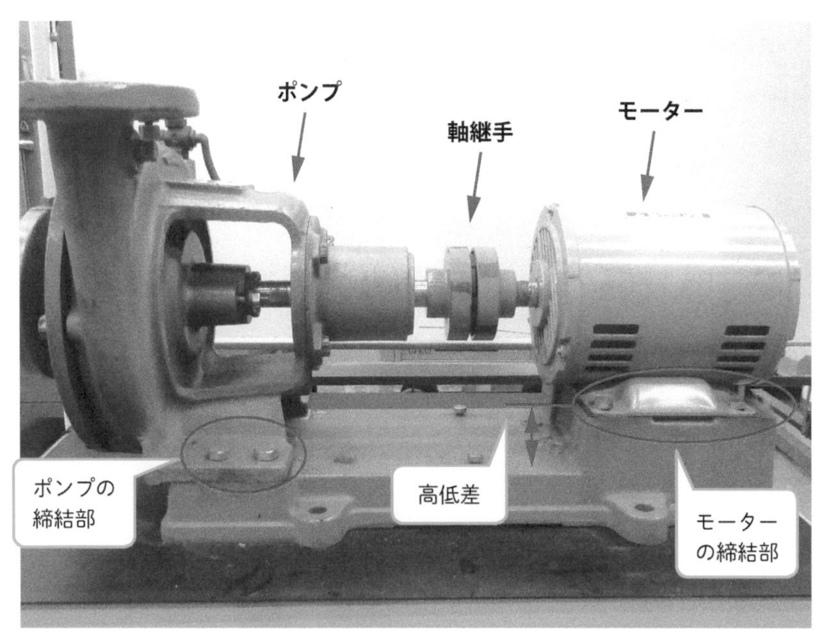
ポンプ
軸継手
モーター
ポンプの
締結部
高低差
モーター
の締結部

図5-6-1　ユニットの配置と高低差

初めに台座の取り付け面の状態を確認します。錆びや傷、角の打痕や突起を確認して粗めの砥石で除去します（図5-6-2）。また取り付けねじ部は、錆びによる腐食が起きていることがあります。ねじサイズを確認して再タップを施します（図5-6-3）。

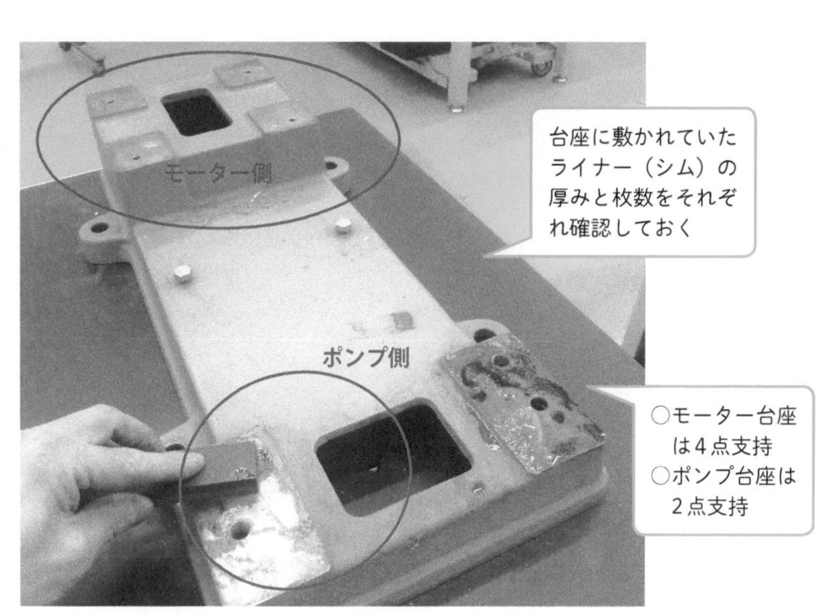
モーター側
台座に敷かれていたライナー（シム）の厚みと枚数をそれぞれ確認しておく
ポンプ側
○モーター台座は4点支持
○ポンプ台座は2点支持

図5-6-2　取り付け面の修正

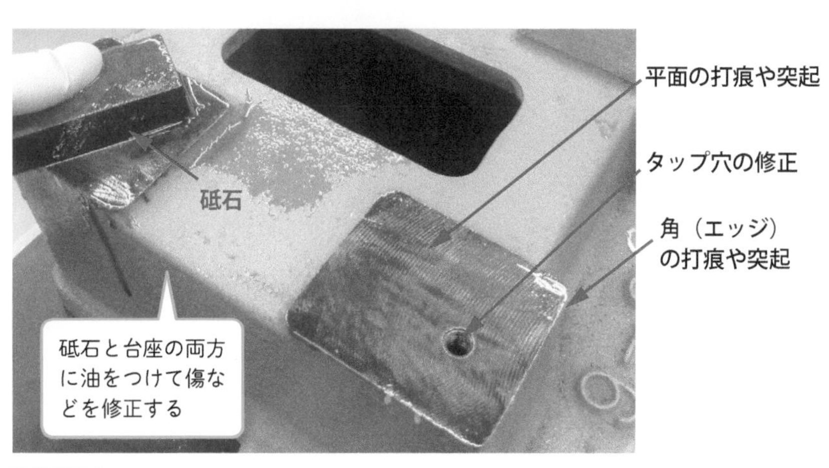
平面の打痕や突起
タップ穴の修正
角（エッジ）の打痕や突起
砥石
砥石と台座の両方に油をつけて傷などを修正する

図5-6-3　打痕や突起の点検

②ダイヤルゲージによる台座の高さ計測（ポンプ側２カ所の測定）

使用されていた台座には、錆びなどの影響を受けてひずみが発生します。ポンプは２つの台座に取り付けられているため、ダイヤルゲージで高さ誤差を調べます。測定後はそれぞれの台座にライナーを挿入するため、台座番号を記しておきます。

初めにマグネットスタンドをNo.0に設置して、No.1の台座高さをダイヤルゲージの「0」に合わせます（図5-6-4）。次に、No.1の台座にマグネットスタンドを配置（反転）し、No.0の高さを読み取ります（図5-6-5）。このとき、マグネットスタンドのレバー長さや形態を調整してはいけません。

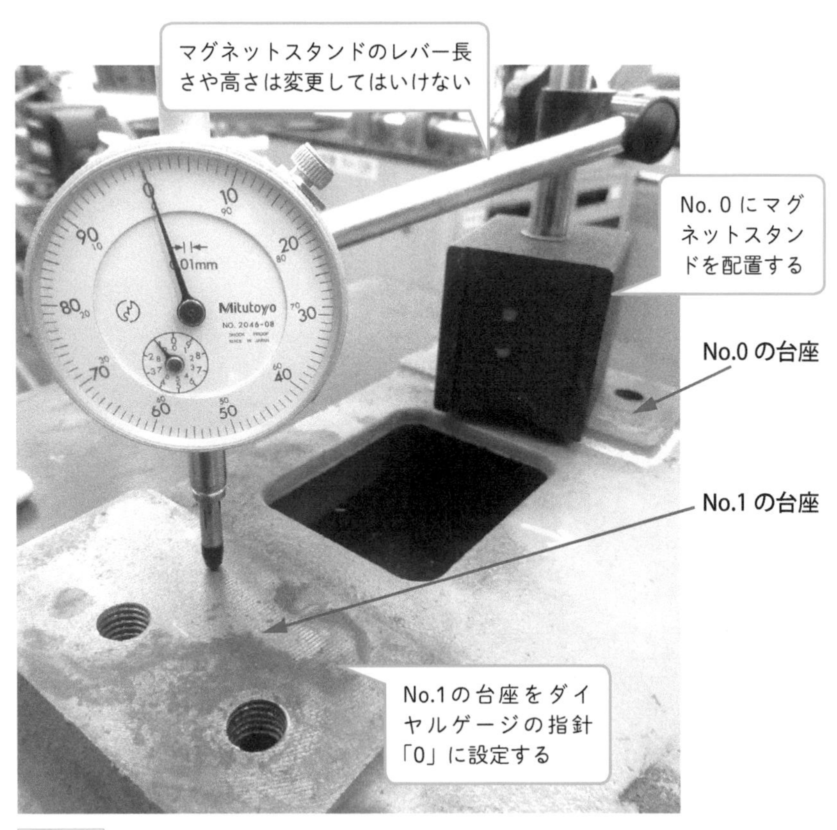
マグネットスタンドのレバー長さや高さは変更してはいけない
No. 0 にマグネットスタンドを配置する
No.0 の台座
No.1 の台座
No.1の台座をダイヤルゲージの指針「0」に設定する
Mitutoyo
NO. 2046-08

図5-6-4　指針の0点設定

No.0の台座高さは「−0.12」と表示されました。ここで「+0.12」のライナーを追加してはいけません。ダイヤルゲージの読み取り値の半分「+0.06」をNo.0の台座に取り付けます。これで、ポンプの2つの台座高さを合わせることができます（図5-6-6）。

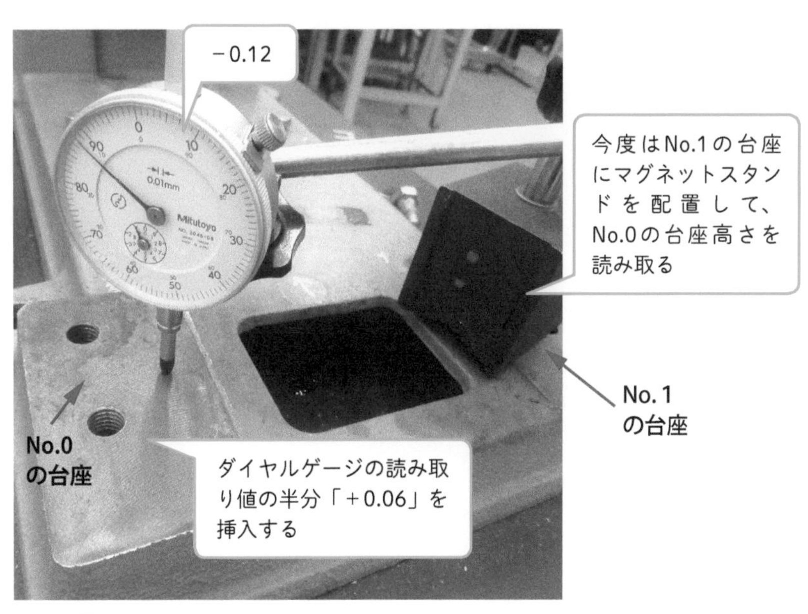
−0.12
今度はNo.1の台座にマグネットスタンドを配置して、No.0の台座高さを読み取る
No. 1
の台座
No.0
の台座
ダイヤルゲージの読み取り値の半分「+0.06」を挿入する

図5-6-5 反転後の指針の読み取り

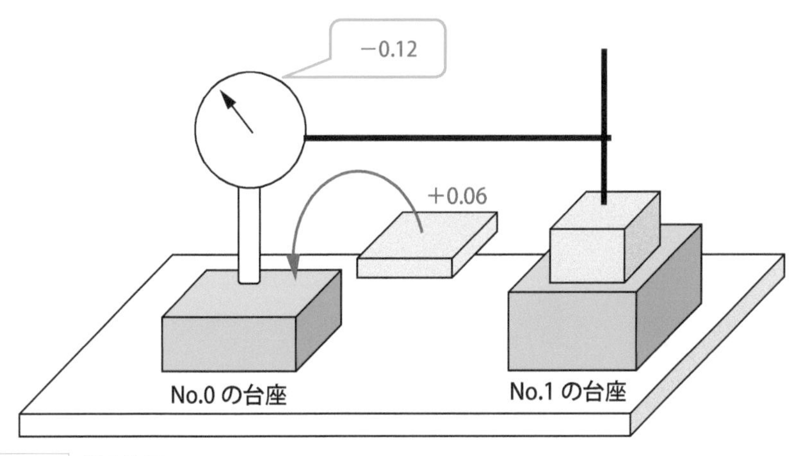
−0.12
+0.06
No.0 の台座
No.1 の台座

図5-6-6 測定結果

③ダイヤルゲージによる台座の高さ計測（モーター側4カ所の測定）

モーター側4カ所の、取り付け台座の高さを確認します。初めに、No.0とNo.1の台座高さを測定します（測定手順は同様）。

測定ではNo.1の台座を基準に、各台座高さを調べます。特に斜め方向は、レバーの長さが足りずに測定できないことがあります。レバー長さを調整し直し、初めから再測定を行います。

そして、それぞれの測定点を記録します（図5-6-7〜図5-6-9）。測定結果を図5-6-10に示します。

No.1の台座を基準に
No.0の台座を測定：
「+0.2」
No.1の台座
No.0の台座

図5-6-7 No.0の台座測定

No.1の台座を基準に
No.2の台座を測定：
「+0.2」
No. 1の台座
No.2の台座

図5-6-8 No.2の台座測定

4カ所の測定結果から、高い値として「+0.2」が示されました。これにより、「+0.2」を示すNo.0、No.2の台座高さを**高さ基準**とします（No.0、No.2にはライナーは追加しない）。

No.1の台座は、No.0の「+0.2」の半分である0.1となります。No.3の台座は、**高さ基準**「+0.2」から0.1を引いて+0.1のライナーを取り付けます。これで4つの台座高さが均一になります。

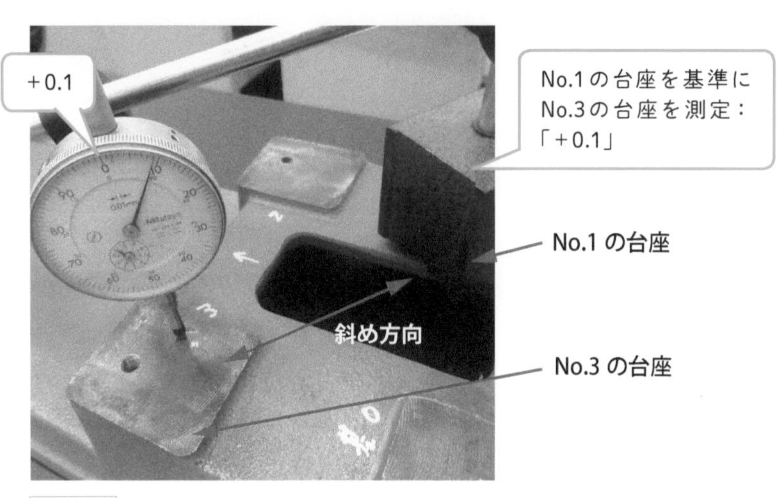
+0.1
No.1の台座を基準に
No.3の台座を測定：
「+0.1」
No.1 の台座
斜め方向
No.3 の台座

図5-6-9 **No.3の台座測定**

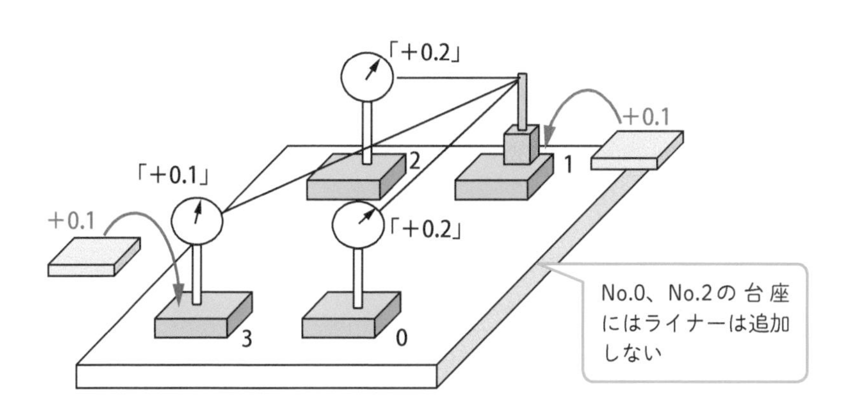
「+0.2」
+0.1
「+0.1」
2
1
+0.1
「+0.2」
3
0
No.0、No.2の 台 座
にはライナーは追加
しない

図5-6-10 **モーター取り付け台座の測定結果**

5-7

ユニットの軸芯を合わせる4つの工程②
ユニットの軸芯（偏角）を確認する

①軸芯（偏角）をダイヤルゲージで計測する

ポンプとモーターの偏角を調べます。初めにポンプとモーター取り付け部（裏面）のバリや傷を砥石で除去します。次に取り付け部（裏面）に光明丹を薄く塗り、定盤の上で平面度（当たり）を確認します（図5-7-1）。取り付け部（裏面）に光明丹が均等に摺られていれば、平面度が良好と判断します。

均等に光明丹が
摺られている

図5-7-1 光明丹による取り付け面の当たりを調べる（ポンプ側）

ここがポイント

・光明丹は薄く塗る
・定盤に押し当てたときにガタツキを確認する

最後に、定盤から軸の頂点高さを確認します。測定箇所は軸の先端から5mm、20mm程度離れた2点とします（図5-7-2）。この2点の値に差がなければ、偏角「0°」となります。

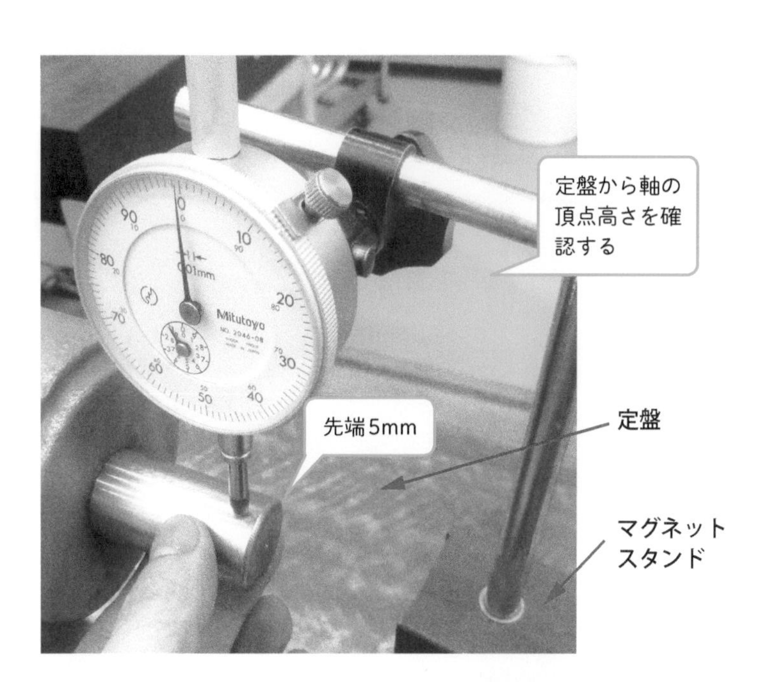
定盤から軸の
頂点高さを確
認する
先端5mm
定盤
マグネット
スタンド

先端20mm
2点の測定値に
変化はないため
偏角「0°」と判
断する

図5-7-2 **ポンプの偏角測定**

②偏角量をライナー（シム）で調整する

モーターを定盤に押し当てて、光明丹による平面度（当たり）を確認します（図5-7-3）。わずかにガタツキが感じ取れるようであれば、当たり具合に変化が見られます。

光明丹の当たりが弱い箇所があれば、隙間ゲージを挿入して隙間量を確認します（図5-7-4）。

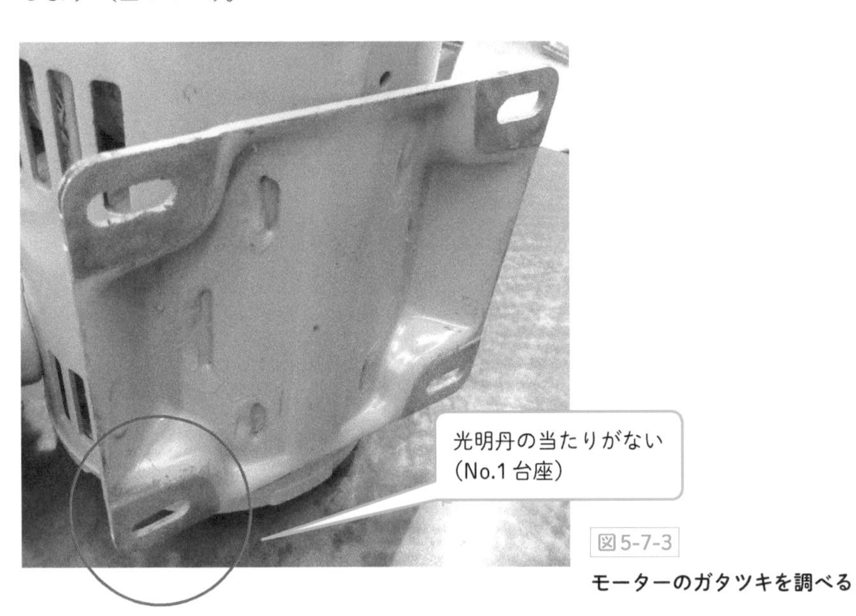
光明丹の当たりがない
（No.1台座）

図5-7-3

モーターのガタツキを調べる

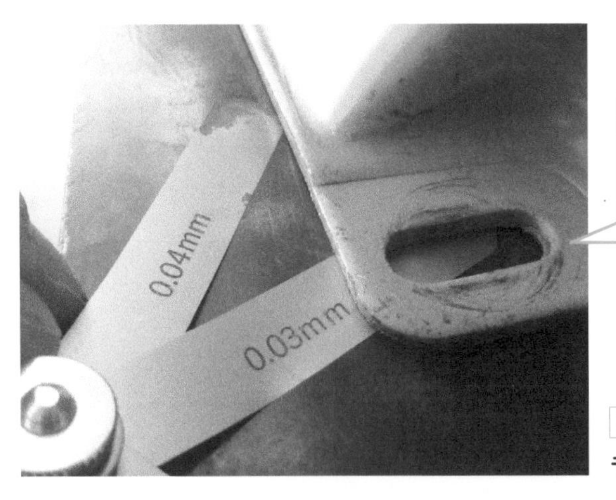
0.04mm
0.03mm
隙間ゲージを挿入する
0.03mmの隙間がある

図5-7-4

モーター台座の隙間測定

隙間ゲージの測定値（0.03mm）を読み取り、＋0.03のライナーを製作して挿入します（図5-7-5）。最後に偏角（軸先端5mm、20mmの2点）を確認します（図5-7-6）。

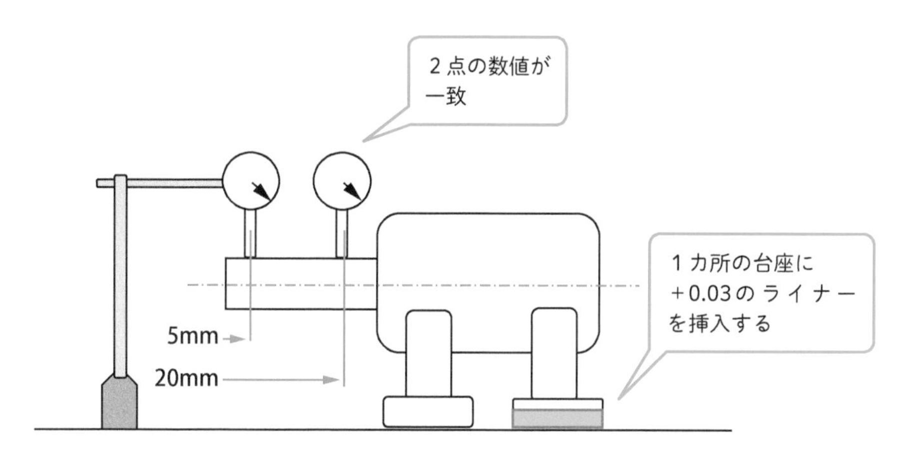
2点の数値が
一致
1カ所の台座に
+0.03のライナー
を挿入する
5mm
20mm

図5-7-5　ライナー挿入による偏角測定

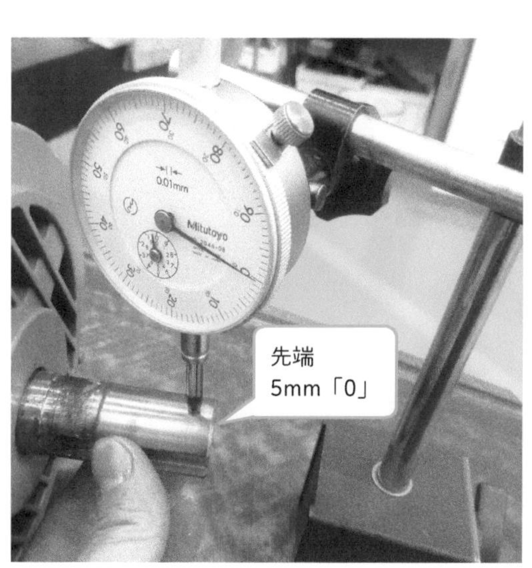
先端
5mm「0」

2点の測定値に変化
はないため偏角
「0°」と判断する
先端
20mm「0」

図5-7-6　モーターの偏角測定

5-8

ユニットの軸芯を合わせる4つの工程③

2軸の軸芯高さ（偏芯）を合わせる

①2軸の軸芯高さをダイヤルゲージで計測する

2軸の芯高さを確認します。初めにポンプ側、モーター側の軸径を測定します（ともにφ24mm）。

事前に測定しておいたライナー（シム）を、それぞれの台座に配置します（図5-8-1）。ポンプとモーターのそれぞれの取り付けねじを仮止めして、目分量で軸芯を合わせます。

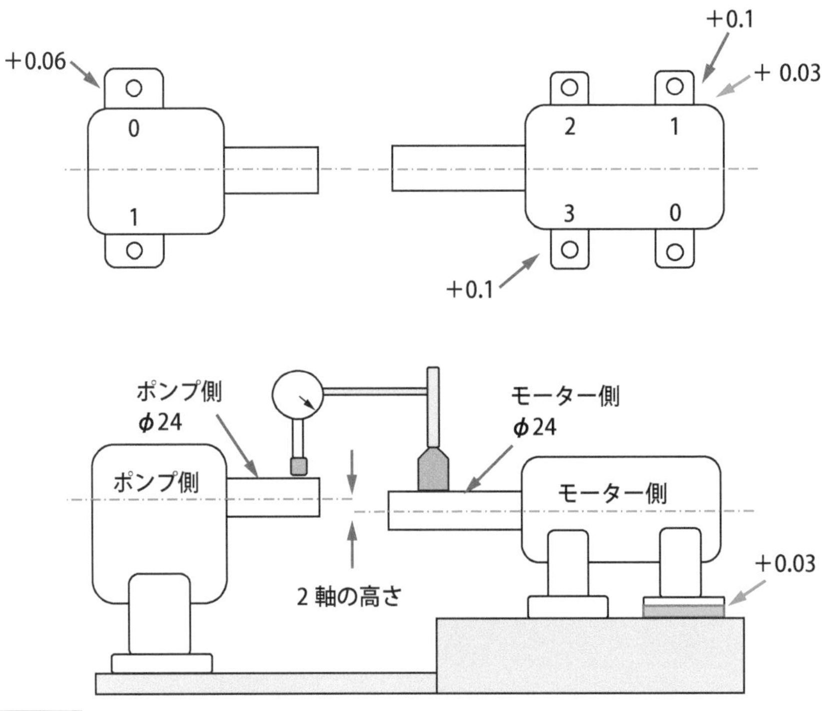

+0.06
0
1
+0.1
+ 0.03
2
1
3
0
+0.1
ポンプ側
φ24
モーター側
φ24
ポンプ側
モーター側
2 軸の高さ
+0.03

図5-8-1 シムプレートの配置

モーター軸にマグネットスタンドを取り付けて、ポンプ軸との軸芯のズレを読み取ります（逆方向も調べる）。モーター軸を手で回しながら、ダイヤルゲージを一回転させます（図5-8-2）。

一番高い位置を「0」に設定し、最大振れ量を測定します。このときは本締めを行います。

最大振れ量「＋0.2」
（ポンプ軸が高い）
軸とダイヤルゲージを回転させたとき、落ちないようにサポートする
モーター軸
φ24
ポンプ軸
φ24
Mitutoyo
0.01mm
NO 1911
MADE IN JAPAN

図5-8-2　**2軸の軸芯高さ**

②偏芯量をライナー（シム）で調整する

測定値からポンプ軸が＋0.2mm高いことを示しました（図5-8-3）。したがって、モーターの軸芯を半分の＋0.1mm高くする必要があります。モーターの4つの取り付け部に、＋0.1mmのライナーを追加します。

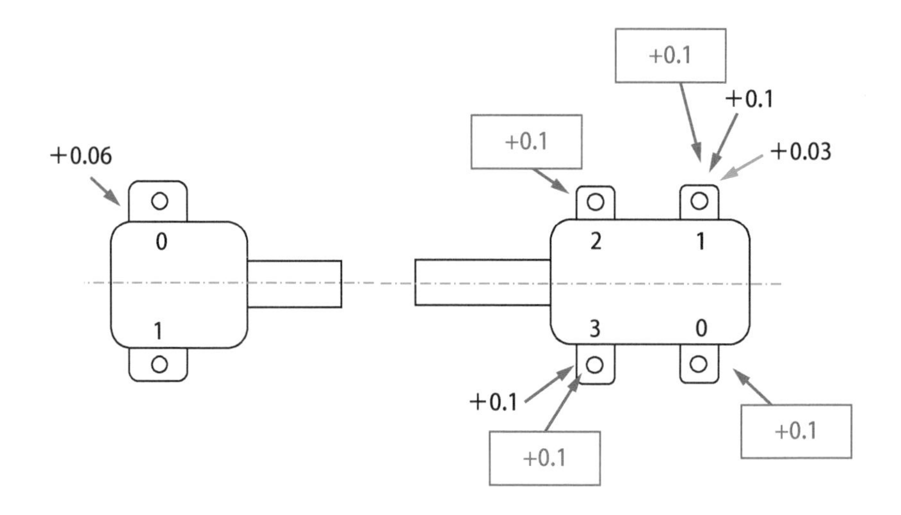

+0.06
0
1
+0.1
+0.1
+0.1
+0.03
2
1
3
0
+0.1
+0.1
+0.1

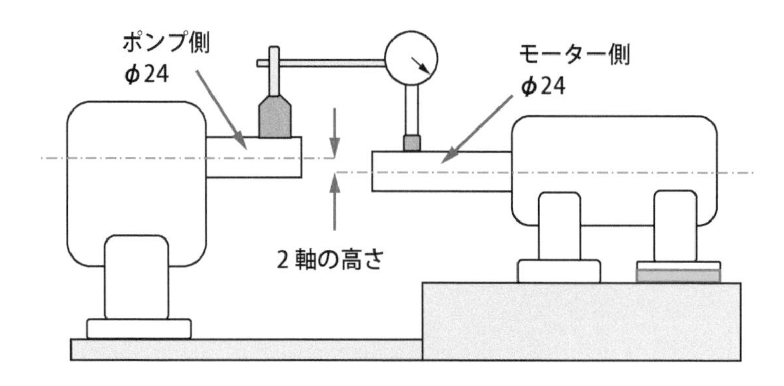

ポンプ側
φ24
モーター側
φ24
2軸の高さ

図5-8-3 ポンプとモーターの2軸の高さ確認

締結ボルトを締め付けると、ライナー（シム）の枚数によっては厚みが変化します。2軸の芯の高さが合わなければ、薄いシムを製作して調整します。

ライナー（シム）を挿入後にもう一度、2軸の高さを確認します（図5-8-4）。測定値が同じであれば、軸芯の高さが一致していることになります。振れ量が0.02mm以内に収まるように、ライナー調整できれば終了です。

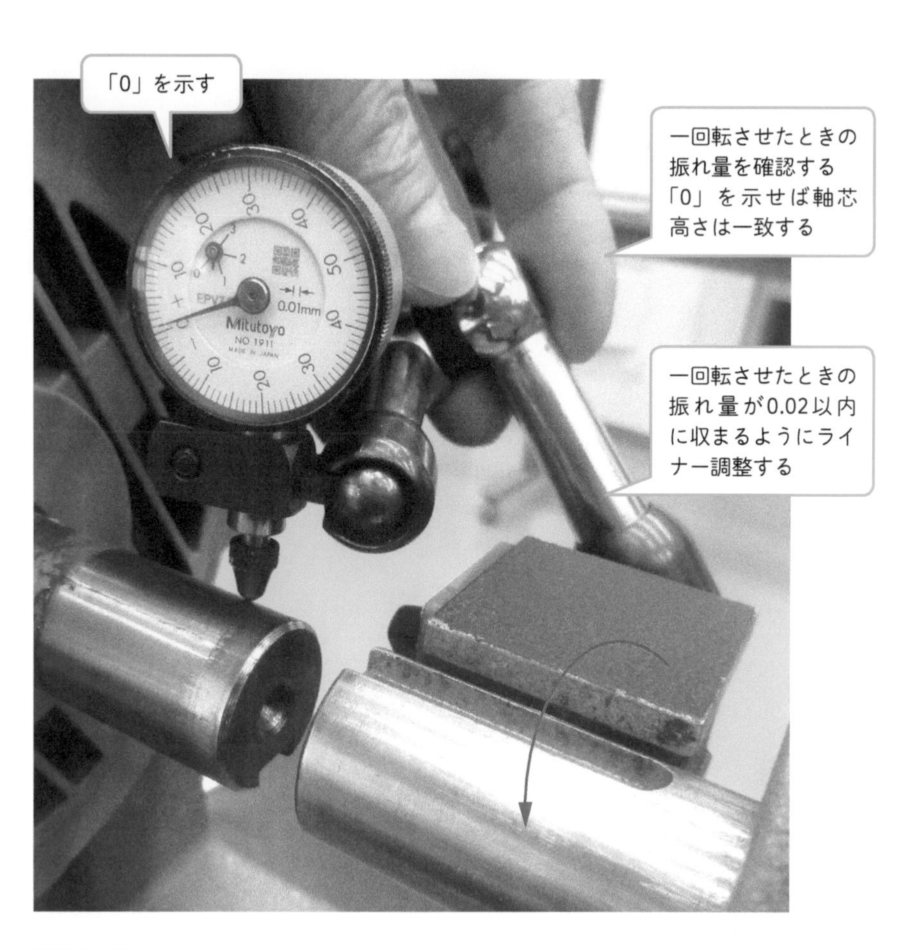
「0」を示す
一回転させたときの振れ量を確認する「0」を示せば軸芯高さは一致する
一回転させたときの振れ量が0.02以内に収まるようにライナー調整する
0.01mm
Mitutoyo
NO.1911
MADE IN JAPAN

図5-8-4 **2軸の軸芯高さ（偏芯）を調べる**

5-9 ユニットの軸芯を合わせる4つの工程④ 2軸の平行を確認する

①水平方向の傾きを確認する

2軸の高さは一致しましたが、ここで軸芯の左右の平行と傾きを調整します。ダイヤルゲージのマグネットスタンドを基準のポンプ軸に取り付けて、モーター軸の水平誤差を調べます（図5-9-1）。

軸を回転（反転）させると、ダイヤルゲージの指針が裏側を向きます。読み取りにくい場合は鏡などを配置します（図5-9-2）。先端5mm、20mmの位置を読み取ります。

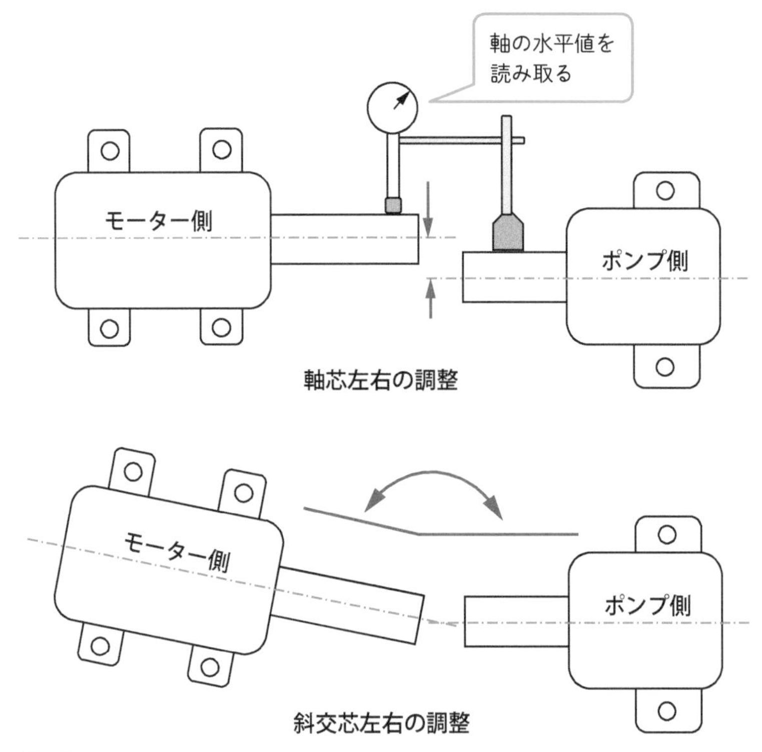
軸の水平値を
読み取る
モーター側
ポンプ側
軸芯左右の調整
モーター側
ポンプ側
斜交芯左右の調整

図5-9-1　2軸の平行（軸芯や斜交）

平行（軸芯や斜交）を判断し、ずれている場合は再調整します。両方の機器を調整すると、いつまで経っても芯を出すことはできません。ポンプ側を基準とするため、モーター側の締結ねじを緩めて調整します。

先端5mm、
20mmの位置
を読み取る

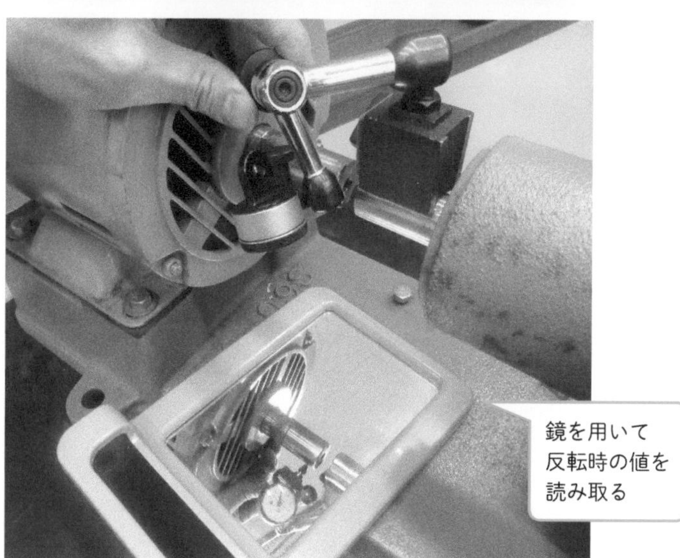
鏡を用いて
反転時の値を
読み取る

図5-9-2 **軸芯の最終調整**

最後に継手を取り付けるために、モーターを一度台座から取り外します。このとき再組立で苦労しないように、モーターの台座に印を数カ所つけておきます（図 5-9-3）。

たわみ軸継手の場合は、継手と継手の隙間を管理します。テーパゲージを左右上下（4か所）に挿入し、隙間量を記録します（図 5-9-4）。

また、継手外周部でのダイヤルゲージ測定を行います。部品交換などで再び芯を出す作業では、この記録表を参考にします。

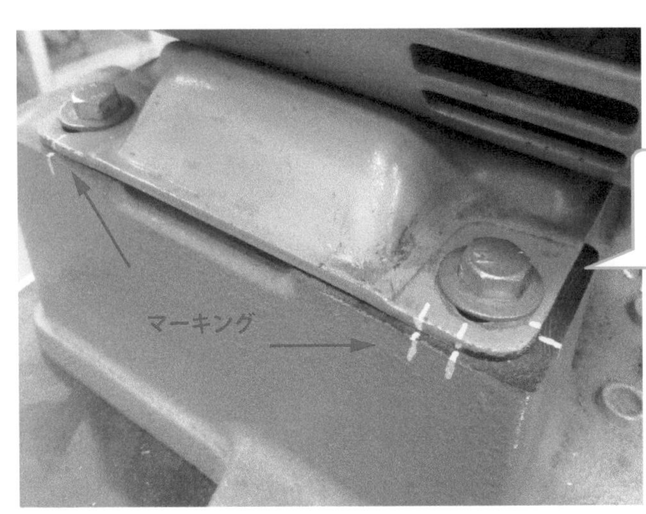
モーター軸の、取り付け台座の位置合わせ
マーキング

図 5-9-3 **モーターの取り付け位置**

軸芯の振れ量とテーパゲージの値を記録し、定期メンテナンス時の参考にする
テーパゲージで隙間量を管理する

図 5-9-4 **継手の隙間量**

②試運転の進め方

「手回し」で、軸（継手）がうまく回ることを確認します（図5–9–5）。継手を手で回して、特定の回転位置で引っ掛かりや重み具合を感じ取ります。また、ねじ締結部の緩みを判断するために、締結ボルトのすべてに印をつけておきます。

「試運転」では、インチング（ON/OFF）動作を行いながら、回転方向や機器から発生する振動、異音などを確認します。「連続運転」では圧力（吸い込み、吐出）や吐出量、電流、電圧値などを記録しておきます。芯出し作業は大変手間のかかる作業ですが、基本を身につけることで、現状のシステムの見直しや異常などに気づくことができます。

回転方向を確認する
継手の固定を確認する
ねじにマーキングする

図5-9-5　**軸芯の最終調整**

Column ③

点検表を見直して設備トラブルを防ごう

ハンドル操作が重い、バックラッシが大きいなど、製造担当者しか感じない異常があります。慢性化した異常をそのまま放置していると、最終的には設備停止に至ります。設備トラブルが発生するとライン復旧が優先され、損傷原因の特定には至らず、いつまで経ってもトラブル解決には結びつきません。このような状況に至らないように、点検表をうまく活用します。

しかし、点検作業を義務的に行っている（いい加減なチェック）と時間ばかりがかかり、設備補修費はほとんど下がりません。点検表は製造担当者とともにつくり上げ、点検すべき目的や意味を確認しながら作成します。特に製造担当者の判断の違いが発生しないように、可能な限り数値化して、傾向管理に結びつけるようにします（バックラッシ±0.2以内など）。

さらに点検表だけでなく、ちょっとした振動や異音などの気づきや、交換した機器の動きの鈍さなどをノートに図を用いて描いてもらいます（図のうまさは問いません）。これに対して上長は必ず内容を確認し、コメントして本人にフィードバックすることが大切です。

製造担当者は自分が記載した内容がどのように対応してもらえるかがわかり、改善につながれば安全活動に参加しているという実感を持つことができます。このような地道な積み重ねが、設備に強い人づくりの意外な近道なのかもしれません。

索引

ま

や

ら

わ

〈著者紹介〉

小笠原 邦夫（おがさわら くにお）

1998年、日本工業大学大学院工学研究科機械工学専攻（工学修士）。半導体メーカー勤務を経て現在、高度ポリテクセンター 素材・生産システム系講師。生産設備に関わる技術支援として機械保全全般、装置設計、安全活動などを行っている。
著書：「ひとりで全部できる空気圧設備の保全」（日刊工業新聞社）
保有資格：空気圧装置一級技能士、油圧調整一級技能士、機械プラント製図一級技能士

イチから正しく身につける
カラー版 機械保全のための部品交換・調整作業 NDC531

2022年5月30日　初版1刷発行　　定価はカバーに表示されております。
2024年9月30日　初版6刷発行

©著　者　小笠原　邦　夫
発行者　井　水　治　博
発行所　日刊工業新聞社

〒103-8548　東京都中央区日本橋小網町14-1
電話　書籍編集部　03-5644-7490
　　　販売・管理部　03-5644-7403
　　　FAX　03-5644-7400
振替口座　00190-2-186076
URL　https://pub.nikkan.co.jp/
e-mail　info_shuppan@nikkan.tech

印刷・製本　新日本印刷（POD5）

落丁・乱丁本はお取り替えいたします。　2022　Printed in Japan
ISBN 978-4-526-08213-9　C3053